目录

福尔摩斯冒险史 1
蓝宝石案 /3
单身贵族案 /39

喵尔摩斯奇遇记 75
1　揪出内奸 /77
2　哈里的供词 /86
3　假威尔逊的威胁信 /96
4　又见百晓通 /105
5　"狐狸"落网 /114
6　福尔摩斯的锦囊妙计 /124
7　奇怪的报名表 /134
8　时空之门研发室 /143
9　卡片上的线索 /152
10　猝不及防的穿越 /164
11　保险柜里的设计图 /174
12　哎哟哟馆长的心事 /184

福尔摩斯冒险史

蓝宝石案

1

圣诞节后的第二天早晨,华生去贝克街探望他的好朋友福尔摩斯。福尔摩斯这时还穿着睡衣,懒散地靠在沙发上。沙发旁的木椅上挂着一顶破烂不堪的**帽子**,椅垫上放着放大镜和镊子。

"呼——这天气太冷了!"华生坐到福尔摩斯身边,就着暖暖的炉子烤着火。寒冬已经降临,窗户玻璃上全是晶莹的冰晶。"福尔摩斯,我猜这顶破帽子一定很重要,你刚才用放大镜和镊子观察它了吧?这顶帽子关系着什么重大案件吗?"

"没那么复杂啦。"福尔摩斯笑着说,"不过是一件离奇的小事罢了。医生,你应该认识警察局门口的看门人彼得森吧,这就是他的战利品。"

"这是他的帽子?"华生疑惑地问道。

"不,不是。是他拣来的。这顶帽子破是破了点,但它背后的故事可就有意思了。圣诞节的早上,彼得森找到我,还拿着这顶破帽子和**一只大肥鹅**。哈哈,我想,那只大肥鹅现在正在彼得森家的餐桌上了吧。"福尔摩斯坐直身子,把木椅上的帽子取了下来。他一边把玩着帽子,一边向华生讲解事情的缘由。

事情是这样的,圣诞节的清晨,淳朴憨厚的看门人彼得森参加完聚会准备回家。在半路上,他看见一个高个子男人在他前面走着,肩上背着一只白鹅。高个子男人走过拐角时,忽然撞上了几个流氓。他们吵了起来,高个子男人的帽子被打落在地。

迫不得已,高个子男人只好抡起街边的棍子抵

抗。他高举着棍子胡乱挥舞,一不小心把商店的玻璃橱窗砸了个**粉碎**。看门人彼得森正想挺身而出,帮这个高个子男人对付那帮流氓。没想到,那个高个子男人本来就因为打碎了商店的玻璃心里发慌,这会儿又瞧见一个穿着制服模样的人朝他跑来,吓得拔腿就跑,连大白鹅也没带走。一眨眼工夫,他

就消失在了黑漆漆的小巷里。那帮流氓看见彼得森出现，也立刻逃之夭夭了。于是，只留下了彼得森茫然地站在那里，莫名其妙地获得了两样战利品：一顶破烂的帽子和一只肥美的大白鹅。

"彼得森为什么会来找你？他是想把东西还给失主吗？"华生问道。

"正是如此！彼得森知道我对那些奇怪的小问题感兴趣，所以就带着帽子和鹅来找我了。哎，要想找到失主，还真不是一件容易的事儿。这只鹅的腿上系着一张小卡片，卡片上写着'献给亨利·贝克夫人'，帽子里也写着亨利·贝克的首字母缩写。看来，这两样东西的主人就是亨利·贝克。问题是，伦敦城里叫亨利·贝克的人多了去了。这不，我把帽子留下来研究。至于那只鹅嘛，我让彼得森带走了，让它完成一只鹅的最终使命。"福尔摩斯诙谐地说道。

"那你现在有失主的线索了吗？"华生问道。

"有一些吧，我凭着这顶帽子推测出来的。"

"别开玩笑了，这顶又破又旧的帽子能告诉你什么。"华生觉得福尔摩斯的话完全是**天方夜谭**。

"医生，你是知道我的推理方法的，你要不先试试？"福尔摩斯把帽子递给了华生。

"福尔摩斯，你别取笑我了。"华生接过帽子，无奈地翻看着。这是一顶再普通不过的乌毡帽，硬邦邦的，上面布满了灰尘，根本不能再戴了，到处都是破破烂烂的裂口。此外，帽子里面的红色丝绸已经褪色。帽子的主人似乎是为了掩盖帽子上的几块补丁，还特意用墨水把它们涂黑了。

"我什么都看不出来。"华生嫌弃地说道。

"恰恰相反，华生，你什么都能看出来，只是你没有动脑筋思考。"福尔摩斯拿起帽子认真端详，"从帽子的外观来看，这个人三年前相当富裕，但他现在的生活十分窘迫。你看这种帽子的样式，可是三年前最流行的。你瞧瞧帽子里的丝绸布料。嘿，它当年准是一顶时髦昂贵的帽子。如果这个人三年前买得起这么好的帽子，后来却再也没有买过新的帽子，毫无疑问，他肯定是在走下坡路了。

"他**家道中落**，精神日趋颓废，说明他可能是受到什么不良影响，兴许是染上了酗酒的恶习。哎，恐怕这也是他妻子不再爱他的原因。可是不管怎么样，他还保持着一定程度的自尊，你看，他试图用墨水涂抹帽子上的补丁，想尽办法掩饰它的破旧。"

华生疑惑地问道："可是，你刚才说他的妻子已经不爱他了，你怎么知道？"

"还是这顶帽子。医生，如果我看到你的帽子上堆积了几个星期的灰尘，你的妻子却放任不管，就让你这个样子出门，恐怕你的妻子也不爱你了。"

"说不定他还是单身呢！"华生想到了另一种可能。

"不可能,医生,你别忘了鹅腿上的卡片,上面写着'献给亨利·贝克夫人',他肯定是想把鹅带回家,送给他的妻子当圣诞礼物。"福尔摩斯信心十足地说道。

"福尔摩斯,你简直是智慧的化身。"华生笑着说,"不过,这里面没什么犯罪行为,当事人也没什么大的损失。你花这么多工夫推理,还是有点大材小用了。"

福尔摩斯正想回答,房门却突然被猛地推开,看门人彼得森冲了进来。他的脸涨得通红,说话上气不接下气:"那只鹅,福尔摩斯先生!那只鹅,先生!"

"噢,鹅怎么啦?莫非它又活了,扑棱扑棱翅膀飞走啦?"福尔摩斯在沙发上转过身来。

"瞧,先生,你瞧我们在鹅的肚子里发现了什么!"彼得森小心翼翼地伸出手。福尔摩斯探起身

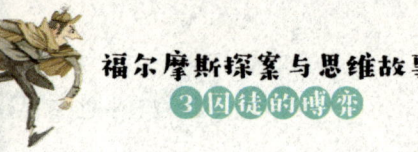

来看，只见在彼得森的手心上，躺着一颗闪烁着耀眼光芒的**蓝宝石**。这颗蓝宝石晶莹洁净，闪闪发光，就像是一道电光在他那黝黑的手心里闪烁。

2

福尔摩斯也很震惊，猛地坐了起来："天哪，彼得森！这确实是一件稀世珍宝！"接着兴奋地对华生说，"医生，它绝不是一颗普通的宝石，你看新闻了吗？你要是关注了最近的新闻，一定知道我在说什么。"

"难道、难道是伯爵夫人丢失的那颗蓝宝石？"华生惊讶地瞪大了眼睛。

"我敢打赌，绝对是！我最近一直在关注这桩失窃案，每天都在看报纸上的相关报道。我太清楚蓝宝石的大小和形状了！这颗宝石是独一无二的珍

宝。伯爵夫人为了找到它，愿意悬赏一千英镑。"

"一千英镑！我的老天爷呀！我这辈子都没见过那么多钱！"看门人彼得森惊得扑通一下跌坐在椅子上，眼睛睁得溜圆。

华生说："如果我没有记错的话，这颗宝石是伯爵夫人住旅馆时丢的吧？那家旅馆叫什么，哦对，**世界旅馆**。"

"对，五天以前，伯爵夫人的宝石不见了，有人指控一个叫霍纳的管道工人，说是霍纳偷走了伯爵夫人的宝石。鉴于霍纳的犯罪证据确凿，现在这起失窃案已经提交到了法庭。让我看看，我记得我这儿是有一些新闻报道的。"

福尔摩斯嘟囔着，一边迅速地翻弄桌上的报纸堆，一边扫视报纸上面的日期。"找到了！"福尔摩斯高兴地抽出一张报纸，大声念道，"世界旅馆宝石失窃案。霍纳，二十六岁，管道工人，涉嫌窃

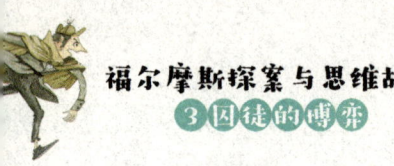

福尔摩斯探案与思维故事
3 囚徒的博弈

取伯爵夫人的蓝宝石。看，这里还有目击证人的证词，证人就是世界旅馆的领班赖德：'各位法官，案发当天，我领着霍纳去了伯爵夫人的化妆室。化妆室壁炉里的栏杆松动了，霍纳是过来修理的。修理过程中，我有事被叫走了一会儿。等我再回到化妆室时，我发现霍纳已经不见了，梳妆台也被人撬开，还有一个空首饰盒摆在梳妆台上。我们全都吓得**魂不附体**，因为伯爵夫人的宝石就放在这个首饰盒里。我赶紧报了警。这就是当时的经过。'"

伯爵夫人的女仆也证明说她曾听到了旅馆领班赖德发现宝石被偷时的惊呼声，她做证说赖德的证言完全属实。管道工人霍纳当晚就被逮捕，不过，警察们没有从他身上搜到宝石，警察也搜查过霍纳的家，还是没有宝石的踪影。蓝宝石居然就这样不翼而飞了。

巡警提到，霍纳被捕时曾经拼命挣扎，高喊自

己是无辜的。法庭审讯时,霍纳也表现得异常激动。法官宣布判决书时,他竟然直接晕了过去,最后被人抬出法庭。

"报纸上记载的情况也就这么多了。"福尔摩斯若有所思地说,顺手把报纸扔到一边,"我们现在需要做的,是把这一系列的事情倒回去理清楚。宝石现在在我们这里,它是在鹅肚子里找到的,那只鹅又来自亨利·贝克先生。医生,看来我们得想

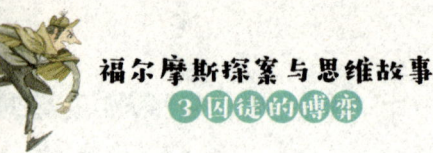

办法找到这位先生，弄清楚他的情况，这样才能**顺藤摸瓜**，找到真正的窃贼。"

华生为难地问道："可是伦敦城这么大，我们上哪儿去找那位亨利·贝克先生呢？"

福尔摩斯得意地说："用最简单的方法。我们马上就写失物招领，然后把它刊登在所有的报纸上。写什么呢？让我想想，嗯……'今天清晨，有人拣到一只大肥鹅和一顶黑毡帽。物品的主人亨利·贝克先生请于今晚六点半到贝克街领取。'医生，你看这样写简单又明了。"

"很好，可是，他会看到这则启事吗？"

"当然会。"福尔摩斯胸有成竹，他分析道，"亨利·贝克当时是因为打破玻璃闯了祸，惊慌之下只顾着逃跑，其他的全忘了。过后他一定悔得肠子都青了：他居然把他的鹅丢下了。他现在穷得叮当响，肯定很珍惜那只大肥鹅。他今天应该会特别留意报

纸,关注其中的失物招领信息。另外,他的朋友们要是看到了报纸,也一定会提醒他。彼得森,麻烦你去一趟报社,帮我登一下这则启事吧。"

"好的,先生。那这颗宝石该怎么办呢?"彼德森憨厚地问道。

"宝石先留在我这里吧,我会联系伯爵夫人的。还有,彼得森,你回来时顺便帮我买一只鹅,我得赔给亨利·贝克呀。"福尔摩斯笑眯眯地嘱托道。

彼得森走了以后,福尔摩斯立刻把蓝宝石锁进了保险柜,还给伯爵夫人写了一封信。

华生觉得整件事情都很蹊跷,便问道:"福尔摩斯,你认为那个管道工人是被冤枉的吗?"

福尔摩斯挠了挠头,老实回答说:"我说不准。"

"那你认为帽子的主人亨利·贝克先生和这件事有牵连吗?"

"我想亨利·贝克很可能是清白的。他肯定不

福尔摩斯探案与思维故事
3 囚徒的博弈

知道他手里的鹅比金子做的鹅还要贵重得多。不管怎么样,如果他真的看到招领启事找来了,我有办法测试他。"福尔摩斯的脸上露出了神秘的微笑。

华生当天还有个人事务要处理,所以离开了一阵子,等他重新回到贝克街时,已经过了晚上六点半。当走近福尔摩斯的公寓时,他看见一个身材高大的男人伫立在门口。华生走过去时,门正好打开,高个子男人进了福尔摩斯的房间。

"你就是亨利·贝克先生吧。"福尔摩斯一边说着,一边从椅子上站起身来,顺便拿起了那顶帽子,"贝克先生,请坐。你看看,这是你的帽子吗?"

"是的,先生,这确实是我的帽子。"贝克先生身材魁梧,膀圆腰粗,有一张宽阔的脸。他说话有些断断续续的,好像每个字都需要思考很久,看起来完全是个时运不济的文人学者。

3

福尔摩斯把那顶破帽子递给贝克先生后,平静地说道:"先生,帽子给你,至于你的那只鹅嘛,已经被我们吃掉了。"

"什么?吃掉了!"贝克先生激动得站了起来。

"是的,要是我们不把它吃掉,它肯定已经被放坏了。不过……"福尔摩斯笑嘻嘻地指着餐柜说,"我觉得柜子上的那只鹅跟你的鹅差不多重,肉质也十分鲜嫩。我把它赔给你,你不会介意吧?"

"噢,不介意,不介意。"贝克先生松了一口气,摆摆手说道。

"当然咯,你自己那只鹅的羽毛啊、**内脏**啊,我们都还给你留着。你要是想带走,我就帮你装起来。"福尔摩斯说这话的时候,特意在"内脏"两个字上加重了语气。

贝克先生像是听到了一个大笑话,哈哈大笑地说道:"先生,那些零零碎碎的东西,就都扔了吧。我现在唯一关心的就是餐柜上的那只大肥鹅。"

福尔摩斯微微一笑,起身去拿餐柜上的鹅。起身的瞬间,他还飞快地看了华生一眼,略微耸了耸肩膀,那眼神似在说:"看见了吧,这位先生一点都不关心鹅肚子里的东西,他压根儿就不知道蓝宝石的事儿。"

福尔摩斯把鹅交给贝克先生,热络地说道:"先生,顺便问一句,你的那只鹅是从哪里买的?那只鹅的毛色太光亮了,我还从来没见过那么漂亮的鹅。你把卖家的地址给我,我也想找他买几只。"

贝克先生接过大鹅后,紧紧地抱在怀里,生怕福尔摩斯反悔:"那只鹅不是我买的,是别人送我的。我平时喜欢去**阿尔法小酒馆**喝点酒。今年,酒馆的店主创办了一家大白鹅俱乐部,我也是俱乐部

的一员。圣诞节晚上，俱乐部送了我们每人一只鹅。至于后面发生的事嘛，先生你应该都已经知道了。感谢你的善举，要是没什么事我就先走了。"贝克先生带着一种滑稽的神态，向福尔摩斯严肃地鞠了一躬，随即迈开腿快步走出房间。

"亨利·贝克先生的事情就到此结束了。很明显，他完全不知情。"福尔摩斯摸着下巴，考虑了一小会儿，然后问道，"医生，你饿了吗？"

"还行，不太饿。"

"那么，我们把晚餐推迟吧，查完案再回来吃。打铁必须要趁热，我们现在可以顺藤摸瓜去寻找答案了。"

这是一个寒冷的冬夜，福尔摩斯和华生穿上长大

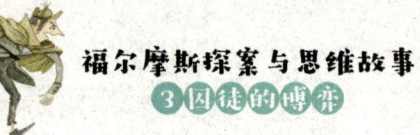

衣、围上围巾，走出了家门。屋外的天空中，群星璀璨，在漆黑的幕布上闪烁着寒光。伴着清脆又响亮的脚步声，福尔摩斯和华生快步穿过几条街。

不到十五分钟，两人就到达了贝克先生说的小酒馆。这是一家很小的酒馆，坐落在一条街的拐角处。福尔摩斯推开酒馆的门，从老板那里要了两杯啤酒。老板系着白围裙，脸上堆满了热情憨厚的笑容。

福尔摩斯端起酒杯说："不知道你们家的啤酒怎么样，是不是像你养的鹅一样出色？"

"我的鹅？我不养鹅啊。"酒馆老板吃惊地说。

福尔摩斯说："是吗？我之前碰到过你们俱乐部的会员亨利·贝克先生，他说鹅是你送他的。"

"啊，我明白了。你是说俱乐部送的圣诞节礼物吧？"酒馆老板恍然大悟，并客气地解释道，"先生，那些鹅不是我们自己养的，是我从市场上买回来的，我在一个鹅店老板那儿买了24只大鹅。"

"真的吗?老板是谁啊?说不定我认识。"福尔摩斯问道。

"那个鹅店老板叫布莱。"酒馆老板回答说。

"好心的老板,谢谢你!祝你身体健康、生意兴隆!再见。"得到了想要的信息,福尔摩斯酒也不喝了,直接带着华生走出酒馆。

他裹紧了大衣,一边走一边声音低沉地对华生说:"现在我们要去找这个卖鹅的布莱。医生,我们表面上是在调查鹅,但实际上,我们可能会揪出一个要坐牢的人。这条宝贵的线索已经落到了我们手中,真相很快就会水落石出!"

福尔摩斯和华生又赶到了市场。果然,他们在一家鹅店中找到了一个写着**"布莱"**的招牌。

这位鹅店老板长着一张瘦削的长脸,留着整齐的络腮胡子。这时候,他正和小伙计一起忙着收摊。

福尔摩斯走上前打招呼说:"朋友,晚上好啊,

今天天气真冷!"老板点了点头,用狐疑的眼光打量了一下福尔摩斯。

福尔摩斯指着空荡荡的柜台说:"生意不错啊,看样子你的鹅都卖完了。"

老板低下头,只顾着收拾自己的货摊:"明天早上来吧,明天早上我可以卖给你500只鹅。"

"明天啊?那就用不着了。"福尔摩斯故作遗憾地说道。

"哦!煤气灯那边剩了几只,你要吗?"

福尔摩斯不满地回答道:"那些鹅的品相太差了,我不想要。老板,我可是阿尔法小酒馆的老板介绍过来的。那些鹅就很不错,你是从哪儿弄来的呢?"

让人感到诧异的是,福尔摩斯这么一个普通的问题居然惹得店主勃然大怒。

"够了!够了!我真的烦死你们这群人了!你们到底什么意思?有什么话咱们就直截了当地说清

楚。"老板扬着头,双手叉着腰,唾沫星子一直在喷。

"我只想知道你供应给酒馆的那些鹅,是谁卖给你的?"福尔摩斯无辜地说道。

老板却嚣张地说:"噢,你想问这个?我不想告诉你们!听懂了吗?我不想告诉你们!"

"嗨,朋友,这不过是一件无关紧要的小事,你也犯不着大动肝火嘛。"福尔摩斯今天的脾气出奇地好,他温和地劝解道。

"大动肝火?你要是像我一样,一直被人纠缠,也一定会大动肝火的!我就是个卖鹅的,你们为什么非要问:'鹅在哪儿?''你的鹅卖给谁了?'烦不烦啊!就像苍蝇一样嗡嗡嗡!我都快要怀疑这些鹅是不是什么**价值连城**的宝物了。"

看来已经有人提前拜访过鹅店老板了。老板的脾气就像茅房里的石头又臭又硬,福尔摩斯能顺利打听到消息吗?

4

这该怎么办呢？福尔摩斯眼珠子一转，突然想到一个好办法。他装作漫不经心的样子对华生说道："哎，算了，既然老板不愿意说，那我和你的打赌就算吹了。不过，我还是坚持我的看法，我敢断定酒馆老板给我的那只鹅一定是在农村喂大的。"

华生还没答话，鹅店老板已经大笑起来："哈哈，这位先生，你输了，那只鹅是在城里喂大的。"

"不可能！"福尔摩斯信心十足地反驳道。

老板坚持说："真的，绝对是城里养的。"

福尔摩斯不屑地说："我不信，我看鹅的眼光很准的。"

"喂！从我当小伙计开始，我就跟鹅打交道，你觉得我会看错吗？我再说一次，那些送到酒馆的鹅全是在城里喂大的。"

福尔摩斯不满地问道:"哼,那你愿意打赌吗?"

"打赌就打赌,我知道自己一定是对的。我拿一英镑跟你打赌,我要给你一个教训!伙计!把我的账本拿来!"

"好的老板!"瘦弱的小伙计噔噔噔跑过来,手里捧着厚厚的账本。

"喂,自大的先生。"店老板神气地说道,"你看见我的账本了吗?我每次收购了鹅,都会仔细地记录下来。这账本里记录着我从谁那儿买的鹅,还有什么时候买的。先生,睁大眼睛好好看清楚!"

福尔摩斯顺着鹅店老板指的一行字念了起来:"12月22日,从奥克肖特太太处收购24只鹅,后来又转手卖给阿尔法小酒馆。"

老板昂起下巴,扬扬得意地说道:"先生,这位奥克肖特太太就是在城里养鹅的。现在你还有什么想说的吗?"

福尔摩斯沉着脸，假装懊恼地掏出一英镑硬币，砸在了老板的柜台上，然后拉着华生怒气冲冲地走开了。不过，当他走到路灯柱子下时，突然站住了，脸上现出了胜利的笑容。

"哈哈，和这种牛脾气的人打交道，最好的办法就是打赌，用打赌的方式骗他们说实话。"福尔摩斯揽住华生的肩膀，高兴地说，"医生，没想到调查得这么顺利。现在唯一需要做的事，就是去找鹅店老板说的那位奥克肖特太太了。不过，看这位鹅店老板的反应，好像已经有人找过他了。依我看，我们最好尽快——"

突然，福尔摩斯的话被一阵吵闹声打断，那声音是从他们身后传来的。福尔摩斯和华生转身一看，只见一个**贼眉鼠眼**的小个子男人正站在鹅店门口。鹅店老板堵在小个子男人面前，恶狠狠地挥舞着拳头："够了！你和你的鹅真叫我烦透了！如果你再

来纠缠我,我就放狗咬你。喂!你去把你姐姐奥克肖特太太带过来,有什么事让她跟我讲。小子,我跟你有什么关系?我的鹅是从你那里买来的吗?"

"不是。"小个子男人可怜兮兮地回答着,但还是不愿意放弃,嘴里嘟囔着,"但,其中一只鹅是我的呀!"

"好啊,那你就去找你姐姐奥克肖特太太要吧!"老板愤怒地说道。

小个子男人急得快哭了,他卑微地哀求道:"是她让我来找你要的……老板……你告诉我吧。"

"呵!那你就去找国王要吧,这我管不着。我真是受够你了,赶快从我面前消失!不然——"老板攥紧了拳头,作势要冲上前打人,吓得小个子男人一溜烟跑远了。

"哈哈,看来我们不用去找那位奥克肖特太太了。"福尔摩斯低声嘱咐道,"医生,跟我来,这

福尔摩斯探案与思维故事
3 囚徒的博弈

个家伙肯定有问题。"福尔摩斯说完便迅速地穿过人群,快步赶上那个小个子男人。他拍了一下小个子男人的肩膀,那人猛然转过身来。只见这人脸色发白,神情紧张。

"你好!"福尔摩斯主动说道,"我刚好听见

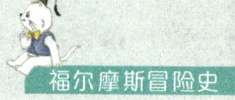

了你和鹅店老板的对话。你想要什么我知道，我可以帮你一点忙。"

"你？你是谁？你知道些什么？"小个子男人慌张地问道。

"我是福尔摩斯，我的工作就是知道别人不知道的事。你费尽心思寻找一只鹅，而那只鹅被你姐姐，也就是奥克肖特太太卖给了鹅店老板。鹅店老板又转手卖到了小酒馆。小酒馆老板把鹅送给了他俱乐部的会员。"

"哎呀！先生，谢天谢地！你真是我的救星。"小个子男人激动得浑身直哆嗦，高举着双手喊道。

"大冬天的，外面太冷了，我们还是找个暖和的地方讨论这个问题吧，不如就去我家吧。"看小个子男人不反对，福尔摩斯伸手拦住了一辆路过的四轮马车。

"对了，先生，请问我们该怎么称呼你呢？"

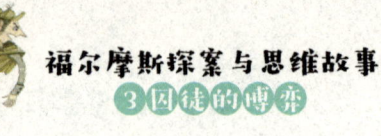

3 囚徒的博弈

福尔摩斯问道。

"你们可以叫我约翰。"说这话的时候,小个子男人的眼神一直在往旁边偷瞄,显得十分心虚。

"不,不,我是问你的真实姓名。"福尔摩斯和蔼地说道,"打交道还是坦诚些比较好。"

小个子男人的脸顿时涨得通红,他尴尬地挠了挠头:"啊……那个……我、我叫赖德。"

福尔摩斯好像早就预料到了这些,他依然保持着那种神秘的微笑:"很好,赖德先生,世界旅馆的领班!请上马车吧!"

赖德站在那里,一会儿看看福尔摩斯,一会儿望望华生,眼神里一半是担心,一半是期待。最后,他还是坐上了马车。

一路上他都坐立不安,双手时而紧握、时而放松。半小时后,他们到达了福尔摩斯家。

"终于到家了!"福尔摩斯领着大家走进客厅,

愉快地说道,"赖德先生,请坐。你现在一定很想知道那只鹅的情况吧?"

"是的,先生!"赖德挺直了腰板,急切地回答道。

"更确切地说,那是一只白色的、尾巴上有一道黑边的鹅。"

赖德激动得颤抖了一下,大喊道:"啊,对!就是它!先生!您能告诉我这只鹅的下落吗?"

5

"那只鹅嘛?我见过。"福尔摩斯盯着赖德的眼睛,意味深长地笑道,"它送了我一件礼物,一件世界上最美丽、最耀眼的礼物。赖德你猜猜看,那件礼物是什么?"

听到这话,赖德的脸色顿时变得煞白。他扶着

福尔摩斯探案与思维故事
3 囚徒的博弈

墙壁，**摇摇晃晃**地站了起来，嘴唇动了动，半天没发出一点儿声。福尔摩斯转过身，从保险箱里拿出一个小小的物件——正是看门人送来的那颗蓝宝石。宝石光芒四射，像是夜幕中最灿烂的星星。赖德直愣愣地盯着那颗宝石，不知如何是好。福尔摩斯平静地宣告："戏已经演完了，赖德。"

赖德吓得一**趔趄**，险些摔倒在地。福尔摩斯揶揄道："年轻人，站稳些，小心别摔到壁炉里去。医生，给他喝点酒吧。他看起来真是怪可怜的！"

赖德接过酒杯，颤抖着喝了一小口，酒给他的两颊带来了一些血色。他**哆哆嗦嗦**地坐着，看福尔摩斯的眼神，像是在看一头凶猛的野兽。

福尔摩斯冷冰冰地说："赖德，我们打开天窗说亮话，别浪费大家的时间。我已经掌握了蓝宝石失窃案的所有证据，我也知道这是你干的好事。不过，我还有些小问题。赖德，你怎么会知道伯爵夫人有

蓝宝石的？"

赖德**结结巴巴**地说："是……是伯爵夫人的女仆告诉我的。伯爵夫人住进了世界旅馆，我又刚好是世界旅馆的领班。那个女仆跟我商量，我们想办法把宝石弄出来换成钱再平分。"

"于是你们俩想办法把管道工人霍纳骗进房间里来。在他离开的一小段时间里，你撬开了首饰盒，把蓝宝石藏起来，然后贼喊捉贼，惊慌失措地大叫房间被盗了。警察立刻逮捕了嫌疑最大的管道工人……"福尔摩斯说话时，眼睛死死地盯着赖德的脸，好像能看透对方的心事。

赖德扑通一声跪倒在地毯上，抱住福尔摩斯的膝盖苦苦哀求："先生，求求你，可怜可怜我吧，想想我的父亲！想想我的母亲！我要是被抓了，他们一定会心碎的。我从前没干过坏事！我以后也不敢了，我发誓……对！我跟你发誓！求求你，千万

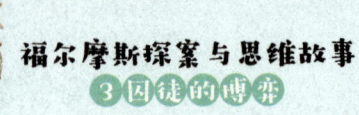

别把我交给警察！先生，求求你！"

"坐回椅子上去！"福尔摩斯厉声呵斥道，"现在你倒是知道磕头求饶了，你做坏事的时候，想过那位无辜的管道工人吗？"

"我逃走！福尔摩斯先生。我立马离开这个国家，先生。我是原告，只要我不出现，法庭就会撤销对管道工人的控告，他立马就能被放出来。"赖德的眼泪哗啦啦地流了下来。

"哼！那个问题待会儿再说。现在先讲讲你干的好事。你老实说，这颗宝石怎么会到了鹅肚子里？那只鹅又怎么会出现在市场上？坦白交代，这是你唯一的机会。"福尔摩斯冷冰冰地说道。

赖德用舌头舔了舔干裂的嘴唇，交代了事情的经过。原来，管道工人霍纳被捕后，赖德悬着的心还是没有放下来。他担心警察怀疑自己，于是悄悄离开了旅馆，想去姐姐家躲一躲。赖德的姐姐就是

奥克肖特太太。去姐姐家的路上，赖德**提心吊胆**，觉得碰到的每个人都像是警察。明明是大冬天，可他却出了一身的汗。到姐姐家以后，赖德一个人去了后院，一边抽着烟斗，一边盘算着接下来该怎么办。

他突然想起以前的一位朋友，能帮小偷把偷来的东西卖掉。他打定主意去找这位朋友帮忙。"可是，

福尔摩斯探案与思维故事
3 囚徒的博弈

路上万一碰到警察怎么办,他们只要一搜查,就会发现我口袋里的宝石。"这时,姐姐养的鹅群在身边摇摇摆摆地晃来晃去。赖德灵光一现,想到了一个主意。

他在一群鹅里,挑中了一只尾巴上有道黑边的大白鹅,一把抓住鹅,把宝石塞进了鹅的嘴里。

"嘎嘎嘎——"赖德把鹅抱得太紧了,那只鹅拍打着翅膀奋力挣扎。这时,奥克肖特太太听到后院的吵闹声,好奇地走了过来:"赖德,怎么了?你抓着那只鹅做什么?"

赖德转身的一刹那,大白鹅从他的手里猛地挣脱出来,拍打着翅膀蹿回到鹅群里去了。

"哦!"赖德撒谎说,"姐姐你不是说要送我一只鹅吗?我想看看哪一只鹅最肥!"

奥克肖特太太笑着说:"哎,我早就给你单独留出来了。看见了吗?就关在角落里。这24只是要

卖到市场上去的。"

"不！不用了。"赖德回答说，"我就想要刚才抓到的那一只。"

"我给你单独留的那一只，是最肥最重的！那是我特意为你养的。"奥克肖特太太有些生气了。

赖德哪能松口啊，硬着头皮坚持道："姐姐，我只想要刚才的那只鹅。"

"那就随你便吧。你要哪一只？我去帮你捉！"

赖德喜不自胜，兴奋地说道："就是那只，看见了吗？尾巴上有一道黑边的那只鹅！"

奥克肖特太太把鹅抓来送给了赖德。赖德立刻带着这只鹅去找他的朋友。可当他们打开鹅肚子时，赖德的心一下子凉了半截：鹅肚子里根本没有蓝宝石。"糟了，一定是哪一步出错了！"

赖德发疯似的跑回姐姐家，冲进后院，却发现一只鹅都没有了。奥克肖特太太说，鹅全都已经卖

到市场上的布莱家去了。

"姐姐,鹅群里是不是还有一只尾巴带黑边的鹅?和我选的那只一样?"赖德忐忑地问道。

"有。一共有两只尾巴带黑边的鹅,长得特别像,连我都分不清它们。"

听到这句话,赖德脑子一片空白:他抓错鹅了,肚子里有宝石的鹅,已经被卖掉了!赖德发疯似的飞奔到布莱的店里。可店老板却说,他早就把所有的鹅都卖掉了,而且不肯告诉赖德鹅究竟卖到哪里去了。再后来,赖德就遇到了福尔摩斯和华生。

原来,这就是蓝宝石案的**来龙去脉**。赖德真是一个又贪婪又愚蠢的盗贼啊!

单身贵族案

1

单身贵族案发生在华生结婚前,那时他还和福尔摩斯一起住在贝克街。由于天气原因,华生的旧伤又犯了,只能整天待在家里。

这天,福尔摩斯出去散步了,华生一个人很无聊,**百无聊赖**地翻了翻最近的报纸,眼睛却不停地往桌上瞄。

桌子上放着一封写给福尔摩斯的信。信封的上端印着夸张的印章和烦琐的字母。华生懒洋洋地揣测着,不知又是哪位贵族寄来的。

3 囚徒的博弈

福尔摩斯散完步回来，一进屋就看见了那封信，于是撇撇嘴说："哎，越是普通的人，写来的信才越是有趣。医生，你看这封信，**花里胡哨**的，跟传票一样，让人感到厌烦，八成是让参加什么无聊的聚会。"他一边抱怨着，一边拆开了信封。看完信，福尔摩斯却笑出了声："噢，我说错了，好像是一件很有趣的事！医生，你最近一直在很仔细地看报纸、关注时事新闻，是吗？"

华生指着角落里的一大堆报纸，沮丧地说："是的，我闷在屋子里，没有别的事可做。""那真是太好了，说不定你能给我提供一些最新的消息。你一直在关注新闻，一定看到过关于圣西蒙勋爵婚礼的消息吧？"

华生点点头，回答说："是的，这则新闻现在很火啊。"

福尔摩斯扬了扬手里的信，说道："这封信就

是圣西蒙勋爵写来的,他还真是个贵族。我读给你听听。信上是这么写的,'福尔摩斯先生,我想登门拜访,向您请教我婚礼上发生的怪事。警察局的雷斯垂德先生已经受理这一案件。但是他强烈建议我向您寻求帮助。下午四点,我将登门求教。圣西蒙'。"

福尔摩斯一边收起信一边说:"他约定四点钟来,现在已经三点了,我们还有一个小时。医生,我需要你的帮助。你帮我找一下报纸上关于这位先生婚事的报道吧,按时间顺序整理好。我嘛,这会儿先来看看他到底是什么样的身世。"

福尔摩斯从壁炉架旁抽出一本红皮书。他坐下来,把书平铺在膝盖上。按照词条找了一会儿后,福尔摩斯说道:"在这儿呢!圣西蒙勋爵,公爵的次子。生于1846年,现年41岁。确实该结婚了。嗨,这些都没什么用。医生,还是靠你吧,你给我讲点

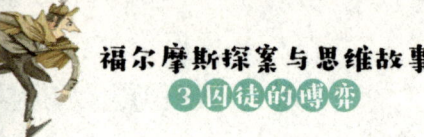

儿更可靠的消息。"

华生迅速地找到了最近的报道:"这是我找到的第一条消息,日期是……几周以前了。报纸上说公爵的次子圣西蒙勋爵,与美国多兰小姐的婚事已经准备就绪,最近即将举行婚礼。"

华生又拿起另一份报纸:"英国的贵族们对这桩婚姻议论纷纷,非常不看好。最近英国的名门望族总是放低身份,不再追求贵族家的女子,反而痴迷美国富商家的姑娘。现在圣西蒙勋爵居然也沦陷了。

"对了,多兰小姐是美国富商的独生女。据说,她的嫁妆超过了百万英磅,这可是笔巨大的金额啊。相比之下,圣西蒙勋爵虽出身贵族,但经济状况早就不如以前了,现在日子过得很窘迫。他的父亲,也就是公爵先生,近年来不得不卖了自己收藏的画;圣西蒙勋爵本人,除了有片荒地作为产业,几乎一

无所有。看起来，圣西蒙勋爵和多兰小姐的联姻，一个是为了名，一个是为了钱。"

"还有别的吗？"福尔摩斯打着呵欠问道。

"有，多着呢。这条短讯说婚礼一切从简，预定在广场的大教堂里举行。届时只会邀请几位至亲好友参加。这是新娘失踪以前的主要报道了。"

"在什么以前？"福尔摩斯吃惊地问道。

"在新娘失踪以前。"华生又重复了一遍。

"新娘是在什么时候失踪的？"福尔摩斯严肃地问道。

华生看了看报纸，回答道："在婚礼举行完毕，准备吃早餐的时候。"

"嘿，真是有意思了，这件事情戏剧性十足。"福尔摩斯笑道，"报纸上的材料很不完整，也许我们可以试着把它们拼凑起来。"

"可以试试。你看，我又找到一篇。"华生说道，

福尔摩斯探案与思维故事
3 囚徒的博弈

"是昨天晨报上的一篇文章,讲得很详细。标题是'上流社会婚礼中的奇怪事件'。"

报纸上说,婚礼结束后,新娘新郎和亲友们去了多兰小姐的爸爸家,也就是多兰先生的公寓。多兰先生早就准备好了早餐。

就在这时,忽然出现了一名神秘女子,她偷偷跟随在亲友团后面,试图强行闯入公寓。她坚持要见圣西蒙勋爵,还说圣西蒙辜负了她。管家和仆人们费了好半天工夫才把她撵走。

庆幸的是,这件不愉快的事件发生前,新娘已经进屋了,她正和亲友们共进早餐,不知道外面发生的事情。不过,新娘忽然说自己身体不适,想回自己房间一趟。

新娘离席后,很久都没回来。她的父亲觉得很奇怪,便去房间找她。让所有人吃惊的是,房间里空无一人。

新娘的女仆说：新娘回卧室后只待了一小会儿，便拿了一件长外套和一顶帽子，急急忙忙下楼去了。楼下的仆人也说，他确实看到一位穿长外套戴帽子的太太离开了公寓，但他当时没看清是谁，以为那只是位普通的客人。多兰先生确定女儿失踪后，立刻报了警。

直到昨天深夜，失踪的新娘依然**下落不明**。有人认为，新娘可能已经遇害了。

新娘为什么神秘消失？新娘失踪前，有什么细节被大家忽视了吗？

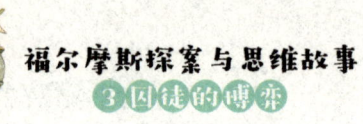

2

警方认为试图闯入公寓的神秘女子可能和案件有关联,便立刻逮捕了她。警方审讯后得知,这位神秘女子名叫米勒,曾经是芭蕾舞女演员,和新郎是老相识。

听完华生梳理的信息后,福尔摩斯说:"这真是一件非常有趣的案子,我一定要好好查查。医生你听,门铃响了。刚好四点钟,我们高贵的委托人来了。"福尔摩斯话音刚落,仆人推开房门报告说:"先生,圣西蒙勋爵到了!"

从仆人身后走出一位绅士。他面色苍白,高高的鼻梁上架着一副金丝眼镜,神色镇定,还带着些许骄傲。他的穿着也很考究:黑色的礼服,白色的背心,**锃亮**的皮鞋,还有浅色的绑腿。

福尔摩斯站起身来,鞠了一个躬,说:"您好,

请坐！这位是我的搭档——华生医生。我们一块儿来谈谈这件事吧。"

"福尔摩斯先生，你可以想象，遇到这种事情，我有多痛苦。我知道你以前处理过许多类似的案子，但我敢肯定，那些委托人的地位没法跟我比。"圣西蒙傲慢地说道。

"确实是，委托人的社会地位是在下降。"福尔摩斯不客气地讽刺道。

"什么？你再说一遍？"圣西蒙惊讶地问道。

"我上一个类似案件的委托人……是一位国王。"福尔摩斯面带微笑说道。

"什么！真的吗？"圣西蒙又尴尬又好奇，"那位国王的妻子也失踪了吗？"

福尔摩斯委婉地答道："很抱歉，我不能泄露委托人的秘密，就像我会替您保守秘密一样。"

圣西蒙讪笑着说："当然！当然！那我们还是

聊聊我这个案子吧。"

福尔摩斯把报纸递给圣西蒙，说："我们已经看完报纸上的全部报道。在我做出判断以前，我还有很多问题想问您。"

圣西蒙焦急地说道："福尔摩斯先生，你尽管问，我想早点找到我妻子。"

福尔摩斯用手指轻轻敲打桌面，问道："您和多兰小姐第一次见面，是在什么时候？"

圣西蒙抬起头，回忆道："一年以前，在美国的旧金山。"

福尔摩斯又问："美国？您当时在那边旅行？"

"是的。"

"你们那时候订婚了吗？"

"没有。"

"哦？"福尔摩斯挑了挑眉，问道，"听说她父亲很有钱？"

圣西蒙的脸微微发红,回答说:"是的,据说他是太平洋彼岸最有钱的人。"

福尔摩斯似乎对这些事很感兴趣:"您知道多兰先生是怎样发财的吗?"

圣西蒙不明白福尔摩斯的用意,但他还是压制住自己的不耐烦:"嗯,开矿。几年以前,他还是一个一无所有的穷光蛋。但在某一天,多兰先生挖到了金矿,从此飞黄腾达,变成了富人。"

福尔摩斯话锋一转:"圣西蒙勋爵,您能谈谈对您新婚妻子,也就是多兰小姐的印象吗?"

圣西蒙避开了福尔摩斯锐利的眼神,目不转睛地盯着壁炉,声音也越来越低沉:"福尔摩斯先生,多兰先生发财时,多兰小姐已经二十岁了。她生活的这二十年,一直无拘无束,整天在山上、林子里游荡。说得难听点,就是没什么教养。她泼辣粗野,又很任性,做事天不怕地不怕,从不守规矩。对了,

性子也急，总是随随便便做决定。"

"那您为什么还要娶她？"福尔摩斯提出一个**尖锐**的问题。

"咳咳。"圣西蒙用咳嗽掩饰自己的失态，"她、她到底是一位高贵的女子。"

福尔摩斯看出来了，这位所谓的贵族，明明就是为了钱才娶这位姑娘的。福尔摩斯转向了别的话题："你们是什么时候订婚的呢？婚礼举行的当天，新娘有没有什么异常？"

圣西蒙回答说，今年年底，伦敦有一个社交活动，邀请了多兰先生。多兰先生把多兰小姐也带来了。圣西蒙和多兰小姐碰巧见了好几次面。双方家庭都很满意，两人便缔结了婚约。婚礼的前一天，多兰小姐还非常兴奋，一直拉着圣西蒙谈论未来的生活。婚礼当天，新娘也喜气洋洋，高兴极了。这种愉悦的情绪一直维持到婚礼结束。直到，一件小事的发生。

那时，新娘正走过教堂的前排座位，手里的花束却突然掉在了地上。座位上的**一位先生**把花束拾起来，递给了她。

接过花束的新娘像是变了一个人，她表情冷淡，语气生硬，不愿理睬圣西蒙。更古怪的是，坐马车回住所的路上，多兰小姐居然因为这件事心烦意乱，大发脾气。

"真是太可笑了！"圣西蒙讲到这里，忍不住抱怨道。

"等等！您刚刚说，前排座位坐着一位先生，那是你们的亲朋好友还是不认识的普通人？普通人也能出席你们的婚礼吗？"

"哦，那就是一个普通人，不是我们的客人，我连他长什么样都记不清楚了。福尔摩斯先生，教堂开门的时候，普通人是可以随便进出的。"

福尔摩斯再三确认道："您真的不认识他吗？

会不会是您妻子的朋友?"

圣西蒙连连摇头:"不是,绝不是。我从来没见过他,我妻子也没跟他打招呼。哎,福尔摩斯先生,我们跑题了,还是聊聊跟案件相关的事情吧。"

3

福尔摩斯又问道:"多兰小姐回到住所后,做了什么事?"

圣西蒙想了想说:"多兰小姐和她最贴心的女仆说了一会儿话。女仆名叫艾丽丝,也是位美国人。她们俩交流了几分钟。我当时正在忙别的事情,也没注意听。不过,我隐约听到些'侵占别人土地'的话。"

多兰小姐和女仆说完话后,走进了餐厅。她只坐了十分钟,便找借口回到了自己的卧室。

此后,圣西蒙就再也没有见过多兰小姐。不过,有人在公园里碰到过多兰小姐,她竟然和米勒小姐在一起。

福尔摩斯惊讶地问道:"米勒?就是那个在婚礼后出现的神秘女子吗?听说她还惹出了一场小风

波。您跟这个女子的关系似乎有点不一般？"

圣西蒙耸了耸肩，眉毛一扬："我和米勒确实有过一段感情。我以前对她很好，没有亏欠过她。她打听到我要结婚的消息后，给我写过几封威胁信。实话实说，我之所以要低调地举行婚礼，就是因为怕她来捣乱。没想到，她还是找到了我们的住所，大闹了一场。"

福尔摩斯问道："多兰小姐知道这件事吗？"

圣西蒙回答说："谢天谢地，她早就进屋了，没有听到外面的争吵。有人说她俩后来走在一起。雷斯垂德先生认为，米勒嫉妒心作祟，设计把多兰小姐骗了出去。我认为不可能，我了解米勒，她连虫子都不忍心伤害。"

福尔摩斯伸了个懒腰，说道："圣西蒙，谢谢您的配合，我已经掌握了所有的材料，没必要再耽搁您的时间了。有必要的话，我会主动联系您。"

"那祝你一切顺利，早日解决这个难题。"圣西蒙站了起来。

"我已经解决了。"福尔摩斯放声大笑。

"嗯？什么意思？"圣西蒙一脸茫然。

福尔摩斯轻快地说道："我说我已经找到答案了。"

"那多兰现在在哪儿？"圣西蒙问道。

福尔摩斯笑眯眯地说道："我还需要一点儿时间。"

圣西蒙摇了摇头，行了一个庄严的鞠躬礼。

圣西蒙走后，福尔摩斯起身去拿酒和雪茄："医生，工作了这么长时间，我们得放松一下了。其实，在圣西蒙进门以前，我就已经有了答案。"

"老兄，真有你的！我明明跟你在一块，和你看到的东西是一样的、听到的消息是一样的，但我还是没什么想法。"华生重重地叹了一口气。

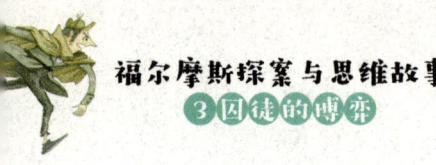

福尔摩斯本想再解释两句，忽然，他看到一个人急匆匆地走过来："噢，雷斯垂德来了！"

雷斯垂德身穿一件粗呢上衣，系着一条老式领带，手里还提着一只黑色的帆布提包。

福尔摩斯眨了眨眼睛问道："雷斯垂德，出了什么事？你好像很不高兴。"

雷斯垂德**怒气冲冲**地回答道："我确实很不高兴！都是圣西蒙那桩倒霉的案子。我一整天都在忙这件事，但却一点儿头绪都没有。"

福尔摩斯问道："你去哪儿了？我看你浑身都湿透了。"

雷斯垂德闷闷不乐地说："我去了湖中心打捞多兰小姐的尸体。"

听了这话，福尔摩斯捧着肚子大笑起来："雷斯垂德，你怎么不去广场的喷水池里打捞呢？"

雷斯垂德不解地问道："唔……你这话是什么

意思?"

"我的意思是,你去湖里打捞,和去喷水池里打捞,结果都是一样的,因为你根本找不到人。"

雷斯垂德气得瞪了福尔摩斯一眼:"福尔摩斯,你别**自作聪明**!请你解释一下,这些东西是怎么回事?"雷斯垂德一边说着,一边打开他的提包。他把一堆东西倒在地板上,其中包括一件婚礼服,一双白缎子鞋以及一顶新娘的花冠和一条面纱,这些东西全都湿透了。

雷斯垂德叉着腰,傲慢地说:"这些都是我们从湖里打捞上来的。福尔摩斯大师,你好好解释一下吧。"

3 囚徒的博弈

"哦？"福尔摩斯向空中喷出一个个蓝色的烟圈，"雷斯垂德，你想通过这些东西说明什么？"

雷斯垂德掷地有声地宣告："我已经找到证据，证明米勒和这起失踪案有关！"

福尔摩斯不紧不慢地说："是吗？我不这么想。"

雷斯垂德生气地喊了起来："福尔摩斯！再聪明的人也有犯糊涂的时候，你那一套推理办法现在没用了。我告诉你，你已经犯了大错误，这些衣服确实和米勒小姐有牵连。我们发现，婚礼服的口袋里有张**便条**。"

雷斯垂德把便条扔到桌子上："你看看这上面写的是什么！'准备就绪后你会看见我。快来。F·H·M。'我相信，多兰小姐一定是被米勒小姐骗出去的。这是米勒留下的便条，后面的字母是她名字的缩写。米勒把纸条偷偷塞给了多兰小姐，诱使她落入圈套。"

福尔摩斯笑了起来："雷斯垂德，你真不简单。好吧，让我看一下。"他不经意地拿起便条，起初只是为了应付雷斯垂德，但看清楚便条的那一刻，他的注意力立刻被吸引住。福尔摩斯满意地称赞道："这张纸条确实非常重要。"

雷斯垂德喜欢看福尔摩斯出洋相，他幸灾乐祸地说："哈哈，福尔摩斯，你终于意识到自己的错误了吧？"他得意扬扬地站了起来，又低下头去看了一眼，然后失声叫了起来，"怎么回事？福尔摩斯，你拿反了！你要看正面，看铅笔写的字！"

福尔摩斯坚持道："恰恰相反，另一面才是关键。有意思！"

这张便条中到底隐藏了什么重要信息呢？

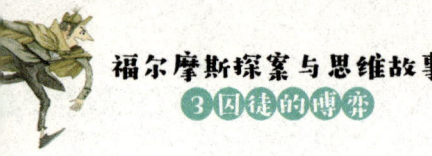

4

"账单有什么用？我早就看过了。"雷斯垂德撇撇嘴，轻蔑地念道，"'10月4日，房间费用8先令，早饭2先令6便士，鸡尾酒1先令，午饭2先令6便士，葡萄酒8便士。'福尔摩斯，这账单说明不了什么问题。"

福尔摩斯微笑着说："账单上的信息很重要。背面的便条嘛，也很重要，尤其是那个**签名**。雷斯垂德，你还是有点收获的，祝贺你。"

雷斯垂德不悦地站起来抱怨道："早知道这样我就不来这儿浪费时间了，我只相信实地的调查，不相信空洞的推论。再见，福尔摩斯先生！"雷斯垂德收拾了地板上的衣服，向门口走去。

雷斯垂德刚走出门，福尔摩斯就站了起来，一边穿上外衣一边说："这家伙说的实地调查还是有

点道理的。医生,我得出去一趟。"

福尔摩斯离开的时候是五点多钟。他走后不到一个小时,来了一名伙计,送来一个很大的餐盒。伙计说这些东西已经付过账了,他是按照吩咐送来的。

餐盒里的晚餐相当丰盛:两对鹧鸟,一只野鸡,一块鹅肝饼和几瓶美酒。伙计摆放好美味佳肴后,又像童话里的精灵一样,迅速消失了。

时针指向九点钟的时候,福尔摩斯回来了。他的神情很严肃,但两眼却闪闪发光。看来,他已经找到了自己想要的答案。

福尔摩斯看到餐桌上的晚餐,搓了搓手说:"嘿,伙计的手脚还挺快的,晚餐都摆好了。"

华生疑惑地问道:"福尔摩斯,你有客人要来吗?我看这儿有**五份餐具**。"

"哈哈,他们应该会来的。"福尔摩斯回过头,

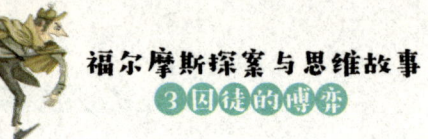

看着房门说,"圣西蒙怎么还没到?我都听到他上楼的脚步声了。"

福尔摩斯话音刚落,那位丢了新娘的圣西蒙勋爵便急急忙忙地走了进来。他看起来非常不安:"福尔摩斯,我收到你的信件了。我必须承认,信的内容让我感到震惊。你有证据证明你的话吗?"

福尔摩斯严肃地说道:"我有最充分的证据。"

圣西蒙一屁股坐在椅子上,一只手抚着前额:"我居然遭受了这种羞辱,父亲要是知道了,该有多愤怒啊!"

福尔摩斯宽慰他说:"这纯粹是一场误会,算不上是羞辱。多兰小姐的做法确实不妥当,但她也想不到别的办法了。希望您能原谅这位可怜的姑娘。"

圣西蒙激动地说:"我不可能原谅她!她这样捉弄我!"

门铃突然响了起来。福尔摩斯说道:"哦,他

们来了。圣西蒙，我还请了两位客人，你可以听听他们的故事。"福尔摩斯打开门，一位女士和一位先生走了进来。

"圣西蒙，请允许我向您介绍，这是弗兰克先生和他的夫人。这位女士，我想您已经见过了。"福尔摩斯说道。

一见到新来的客人，圣西蒙猛地站了起来，身板僵硬。原来，这位弗兰克夫人，就是圣西蒙失踪的新娘——多兰小姐。

多兰小姐向前走了几步，向他伸出手来。圣西蒙却扭过头不肯看她。

"你生气了，圣西蒙。"多兰小姐满怀歉意地说道，"也是的，你完全有理由生气。对不起！"

"你不必向我道歉。"圣西蒙冷冷地拒绝了。

"也许，你该听听事情的真相。"那位叫弗兰克的先生说道。弗兰克长得瘦高而结实，皮肤黝黑，

福尔摩斯探案与思维故事
3 囚徒的博弈

脸上的胡子刮得干干净净,面部棱角分明,看起来很机警。

"我来告诉大家事情的经过吧。"多兰小姐叹了一口气,讲起了她和弗兰克的故事。

原来,多兰小姐和弗兰克在美国时就订婚了。那时,多兰小姐的爸爸,也就是多兰先生正在经营一个矿场。后来,他突然挖到了一个金矿,从此发了大财。可是,弗兰克土地上的矿却渐渐变少,最

后完全枯竭了。

这样一来,多兰先生越来越富有,弗兰克却越来越贫穷。多兰先生开始反对女儿的这门婚事。

然而,多兰小姐和弗兰克感情深厚,不愿意分手。弗兰克做出一个决定:他要出去闯荡,努力挣大钱。等他像多兰先生一样富有后,再回来娶他的心上人。

弗兰克和多兰小姐私定了终身。他俩请了一位牧师,私下举行了婚礼。婚礼结束后,弗兰克就离开了。

多兰小姐听说,弗兰克辗转去了许多地方,后

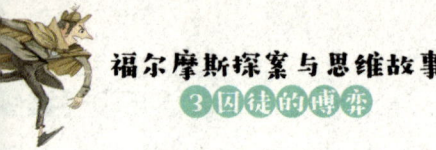

来到了墨西哥。有一天，报纸上登了一则新闻，新闻报道墨西哥的一个矿场遭到了当地人的袭击，死伤惨重，死者名单中，赫然出现了弗兰克的名字。

多兰小姐看了新闻，当场晕倒在地，紧接着，她生了一场重病，在床上躺了几个月。那一年多，她想尽办法打听弗兰克的消息，但始终**杳无音讯**。她只能相信弗兰克是真的死了。

一年前，多兰先生到英国办事，多兰小姐也跟随父亲来伦敦散心，遇到了圣西蒙勋爵。双方家长做主，把婚事定了下来。

多兰小姐知道，自己的心里只有弗兰克。但是为了不让父亲失望，她只好答应了这门亲事。

婚礼前，一切都**风平浪静**。直到婚礼当天，正当多兰走到教堂栏杆前的时候，她无意间回头一瞥，忽然看到弗兰克就站在座位第一排，呆呆地望着她。

多兰小姐吓了一跳，还以为是自己眼花。但当

她再往那儿看时，却发现弗兰克真的站在那里，眼里露出疑惑的神色。

那一瞬间，多兰快要昏过去了。她只觉得**天旋地转**。牧师的声音，就像是一只讨厌的蜜蜂，嗡嗡地在她的耳朵里乱响。

她在心里默念着："噢！我该怎么办！我要打断婚礼仪式，告诉大家真相吗？"

她又看了弗兰克一眼。弗兰克好像知道多兰在想些什么，把手指贴在嘴唇上，示意多兰不要作声。紧着，弗兰克又在一张纸上草草地写了几个字。多兰心领神会：弗兰克是在给她写便条。多兰经过那排座位时，故意让手里的花束掉在地上。弗兰克捡起花束，悄悄把纸条塞在多兰的手里。

原来，新娘的失踪，真的和圣西蒙口中的陌生男子有关。弗兰克不是出事了吗？他为什么又出现在了婚礼现场？福尔摩斯是怎么找到他俩的呢？

5

多兰收到便条后，决心跟弗兰克远走高飞。她回到住所，和女仆商量了一会儿。她知道，自己应该跟圣西蒙说清楚，但是，当着圣西蒙母亲和那些大人物的面，多兰又开不了口。她只好**不辞而别**，等以后再找机会解释。

多兰刚到餐桌就座，就看见弗兰克站在窗外马路的另一边。弗兰克向多兰招了招手，随即走进了公园。多兰立刻回到卧室，收拾妥当后便溜了出来。

刚走出家门，多兰就遇到一位年轻女子。那女子自称是米勒，还和多兰说了许多圣西蒙的坏话。多兰一点儿也不感兴趣，她设法摆脱了米勒，加快步伐赶上弗兰克。弗兰克带着多兰去了他在戈登广场租下的房间。

弗兰克不是死了吗？他怎么会"死而复生"呢？

福尔摩斯冒险史

原来，他当时只是被当地人囚禁了，没有被杀害。后来他越狱逃跑，**长途跋涉**回到了美国。他发现多兰小姐去了英国伦敦，便立马追过来了。

到了伦敦，弗兰克碰巧看到一张报纸，上面报道了多兰小姐的婚讯。新闻上只刊登了教堂的名字，没有提到多兰的住处，弗兰克只好去教堂等待，最后终于想办法带走了多兰。

接下来的路该怎么走呢？多兰小姐感到很惭愧，她觉得自己对不起圣西蒙一家人，也对不起自己的父亲。她想从此**销声匿迹**，永远不再出现在他们面前。弗兰克为了迷惑案件的调查者，故意把多兰的结婚衣物收拾起来捆成一包，扔到湖里。

多兰小姐愧疚地说："我们打算明天去法国。要不是这位好心的福尔摩斯先生找到我们，善意地开导了我，我也没有勇气说出真相。我错了，我这样不辞而别，给大家添了很多麻烦。圣西蒙，这就

是背后的故事。让你这么痛苦,我很抱歉。"

圣西蒙保持着他那僵硬的姿势,一点儿没有放松。他皱着眉头,嘴唇紧绷:"对不起,现在公众都在讨论我的个人私事,这让我很不舒服。"

"那么,你是不肯原谅我了?我就要离开伦敦了,你都不愿和我握一下手吗?"多兰小姐难过地说道。

"噢,可以,如果这样做会让你高兴的话。"圣西蒙伸出手,冷漠地握了一下多兰的手。

"我原本的计划是,咱们坐在一起共进晚餐。"福尔摩斯提议说。

"我觉得你的要求有点过分。"圣西蒙冷漠地回绝道,"我可以接受现实,但别指望得到我的祝福。各位晚安,再见!"圣西蒙向大家鞠了个躬,昂首阔步地走出了房间。

"噢!"福尔摩斯摊开手,回过头对弗兰克夫

妇说:"你们不会不给我点面子吧?"

客人都走了以后,福尔摩斯总结道:"这件案子很有趣,乍一看是多么的不可思议,而真相却如此简单。可在另一些人眼里,比如咱们的老朋友——雷斯垂德,他就被迷魂阵困住了呢。"

福尔摩斯是怎么查出真相的呢?原来,打从一开始,福尔摩斯就注意到一件奇怪的事。多兰小姐原本是愿意举行婚礼的,为什么回家后还不到几分钟就后悔了呢?很明显,一定是早上发生了什么事,让她改变了主意。

那会是什么事呢?早晨出门以后,新郎一直陪着她,

3 囚徒的博弈

一直没有发生什么特别的事儿。那么,她是不是看到了什么特别的熟人呢?如果有的话,这个人肯定是从美国来的,还对她相当重要,因为多兰小姐刚到英国不久,没什么熟悉的朋友。

接下来,福尔摩斯要解决的问题就是:这个美国人会是谁呢?为什么他能轻易改变多兰小姐的想法?福尔摩斯猜测,可能是她以前的心上人。

这些都是福尔摩斯梳理报纸时的收获。盘问过圣西蒙后,福尔摩斯的推论有了进展:新娘的态度起了变化,只是因为一束花。新娘路过一个陌生男子身旁时,花刚好掉在了地上。很有可能,他们俩当时是想传递什么消息。

多兰小姐和心腹女仆聊天时,提到了"侵占土地"。"侵占土地",这其实是采矿者这个行当里常说的话,意思是占据了别人原有的采矿权。她们两人的对话,其实是在说多兰小姐已经是别人的妻

子了。圣西蒙要是再娶她，就是"侵占土地"。这样一来，案情就相当清晰了。多兰跟一个男子走了，那人就是她过去的恋人。

华生好奇地问道："福尔摩斯，可你是怎么找到弗兰克夫妇的呢？"

福尔摩斯晃晃脑袋，得意地说道："本来是挺麻烦的，多亏了雷斯垂德。雷斯垂德这个傻子，还不知道他手里的账单有多重要呢。我根据账单上的信息，知道了弗兰克最近肯定在伦敦最高级的旅馆里住过。"

华生惊讶地说："就凭那个账单，福尔摩斯，你怎么推断出来的？"

"你看那上面的消费多昂贵啊！八先令一个床位，八便士一杯葡萄酒。伦敦收费这么高的旅馆并不多。我走访了几家高级旅馆，发现有一位叫弗兰克的美国先生前一天刚离开。我又查看了他名下的

账目，正好找到了和账单上一模一样的消费。这位先生还备注说：如果旅馆收到他的信件，请帮忙转到戈登广场226号。我赶紧去了戈登广场，正好遇到他们俩。我和他们好好聊了聊，还邀请他们到这里来，和圣西蒙**开诚布公**地谈一谈。"

"不过，结局还是有点遗憾呀。"华生评价道，"圣西蒙的行为不够大气。"

"哈哈，医生。"福尔摩斯微笑着说，"圣西蒙也是值得同情的，要是换成你，你也会生一肚子闷气。对圣西蒙宽容一些吧。当然啦，他冲着多兰家的财产娶这位小姐，这就不太让人尊敬了。噢，医生，请帮忙把小提琴递给我。接下去的漫漫长夜，让小提琴陪伴我们吧。"

喵尔摩斯奇遇记

在本系列《花瓣的玄机》里,喵博士开始跟着福尔摩斯一起去探案啦!这个案件非常离奇,富翁格林老先生想把遗产留给失联多年的恩人比尔老先生,便委托福尔摩斯寻找比尔老先生和他的家人。喵博士和福尔摩斯在调查后得知比尔老先生已经去世,他有一个儿子名叫威尔逊。出乎意料的是,他们碰到了一真一假两个威尔逊。狡猾的假威尔逊成功逃脱后,反过来诬陷福尔摩斯,并联合警察局内奸将罪名扣在了警探雷斯垂德的头上。福尔摩斯等人将如何化解危机?内奸又是何人?让我们一起看看吧!

1 揪出内奸

喵博士认真分析后，算出徽章主人的代号是**"15"**："福尔摩斯先生！我想，雷斯垂德身边一定有坏人做内应。那个人的代号就是15。"

"你跟我想到一块儿去了。"福尔摩斯赞同道。

"我身边有内奸？藏得够深啊！"雷斯垂德咬牙切齿地说，"福尔摩斯，你有办法把他揪出来吗？"

福尔摩斯低头思索片刻，眉头渐渐舒展开："我倒是想到一个可行的办法，但是需要帮助。我需要一个能让你的下属们听话的人。"

"那不就是我吗？可是我现在被关起来了。唉！"雷斯垂德有些沮丧，他叹了一口气。

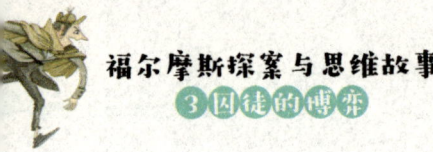

喵博士小心翼翼地建议道:"你们觉得格莱森警探怎么样?"

"他?"刚听到这个名字时,雷斯垂德觉得很惊讶,斟酌了一番后说,"福尔摩斯,你可以和格莱森合作。我跟他打了很久的交道,我俩虽然有时看对方不顺眼,但那都是私人恩怨,不会影响我们的工作关系。我相信他会秉公办案的。"

"那就好办了。喵博士,把耳朵凑过来,你要帮我办件事。"福尔摩斯附在喵博士的耳朵边耳语一番。听完福尔摩斯的吩咐后,喵博士眼睛一亮,笑眯眯地握紧了拳头:"福尔摩斯先生,包在我身上!"说完,便一溜烟儿跑远了。

福尔摩斯离开探视的房间,径直去了格莱森警探的办公室。福尔摩斯把来龙去脉都讲给了格莱森听。格莱森恍然大悟,狠狠地拍了一下桌子,愤愤不平地说道:"我也觉得这件事情有猫腻。雷斯垂

德要是真的贪污受贿，怎么会把大额现金放在警察局里。这不是故意给别人留把柄吗？原来是有人在背后做手脚。福尔摩斯，你说吧，我要怎么配合你。"

"很简单。你让雷斯垂德的下属们到院子里集合就可以了。"福尔摩斯神秘地说。

"好，我这就去办。"格莱森警探立马去通知大家集合。

"福尔摩斯先生，我回来啦！"先前跑出警察局的喵博士，这会儿又回来了。他跑得上气不接下气，脸涨得通红，还牵了一只凶神恶煞的大狗。

"喵博士，辛苦了！"福尔摩斯接过系大狗的绳子，牵着大狗走到了院子中央。

雷斯垂德的下属们已经集合好了，他们不知道福尔摩斯葫芦里卖的什么药，都在小声议论。

"大家好！雷斯垂德警探被抓起来了，这件事你们都知道吧？不过，据我们调查，雷斯垂德是无

福尔摩斯探案与思维故事
3 囚徒的博弈

辜的,是他身边出了内奸,陷害了他。"福尔摩斯大声说道。

"什么?内奸?我们身边有内奸?"大家你看看我、我看看你,试图找出神情异样的人。

"大家不用担心,内奸马上就能被抓出来了。你们看到我身边的这只狗了吗?"福尔摩斯蹲下身,轻轻摩挲着大狗的背,"我破案很厉害,你们知道为什么吗?因为我拥有许多朋友,他们各怀绝技。这只狗就是我的一个好朋友。它是一只神奇的狗。摸着它的头和它讲话,它能根据你说话时的情绪起伏、眼神变化,或者一些细微的小动作,辨别你说的是真话还是假话。如果是真话,它会安安静静的;如果是假话,它会大声叫嚷,甚至跳起来咬人。"

雷斯垂德的下属们**面面相觑**。

福尔摩斯又说道:"不过,它有一点怪癖。测试的时候,它只能和测试者单独在一间屋子里,要

是有其他人在，就会干扰它的判断。所以待会儿你们一个一个进去测试，就跟狗聊聊天，说自己不是内奸。狗要咬的人，就是我们要抓的内奸。记住了，一定要摸着它的头说话，这样测试才有效。不摸着它的脑袋，是什么都测不出来的。明白了吗？"

"明白了！"下属们排着队，一个接着一个走进去。奇怪的是，所有人都测试完了，狗还是乖乖地蹲在地上，没有发出一点响声。

格莱森纳闷了，问道："福尔摩斯，怎么回事啊？是不是你弄错了？这里面没有内奸。"

福尔摩斯冲喵博士使眼色，喵博士心领神会。他对大家说道："请大家把手伸出来吧，我要检查一下你们的手。"

喵博士看完所有人的手后，指着一个人说道："格莱森警探，请你好好查一查这个人吧。"格莱森一看，疑惑地反问道："你是说哈里有问题？"

那个叫哈里的人脸色骤然一变,却还故作镇定地说道:"你在胡说什么?不要冤枉好人。"

喵博士笑眯眯地说:"你知道吗?这只是一只普普通通的狗,它分辨不出你们说的是真话还是假话。可是,**做贼心虚**的那个人,他肯定是不敢接受测试的。你先看看别人的手。"

哈里疑惑地扭过头,扫视了一遍后发现:其他人的手都脏兮兮的,上面有一层灰;只有他自己的

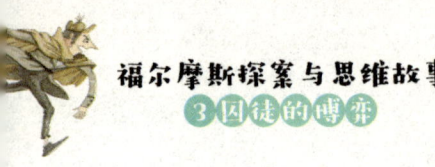

手干干净净的。

喵博士解释道:"我事先在这只狗的脑袋上,涂了一层炭灰。其他人身份清白,心里坦坦荡荡,当然按要求走完了流程。而你呢,心里有鬼,走进房间以后,根本不敢摸大狗的脑袋。""胡说八道!"哈里涨红了脸,破口大骂。

喵博士盯着他看了一会儿,冷不丁地说:"15号,你已经暴露了,别再狡辩了!"哈里一愣,眼里明显闪过惊慌的神色。

这时候,一名警员走了过来,拿着一张纸条说:"我在地上看到一张这样的纸条。"福尔摩斯他们几个凑过来一看,咦,跟上回看到的纸条很像。

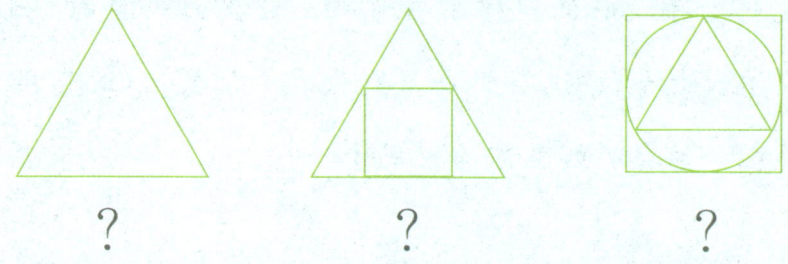

喵博士看着纸条，念出了一串数字，接着又对哈里说："哈里，你的密码全被我们破解了。你还有什么可狡辩的？趁早交代，还有机会**戴罪立功**。"哈里无力地垂下了脑袋，说："我交代，我全都交代。"

原来，喵博士只是先按徽章上三角形的数量报出了哈里的代号，又照着纸条读出了背后藏着的数字，没想到，哈里还真被吓住了。你知道喵博士是怎么破解出纸条里的密码的吗？

这回破解的过程很简单。之前福尔摩斯他们已经破解出三角形代表数字5，正方形代表数字1，圆形代表数字2。在上一张纸条里，所有图形都代表两位数。但在这里，纸条上的图形却有了更多变化。这就要寻找新的规律了。看来，最里面一层的图形应该代表个位数，往外一层则代表十位数，以此类推。现在，你会破解类似的密码了吗？

逻辑推理：
从一般到特殊的演绎法

喵博士又拿到了一组密码图，他能够利用之前解密的经验来解答出每组图形所代表的数字吗？

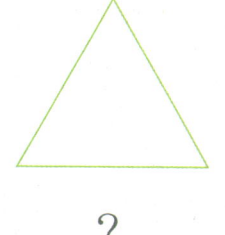  

? ? ?

答案：

通过找共同点的方法，福尔摩斯他们已经破解出三角形代表数字5，正方形代表数字1，圆形代表数字2。在上一张纸条里，所有图形都只有两位数。但在这里，纸条上的图形却有了更多变化。

这就要以之前一般性的规律作为前提，推断并寻找出新的答案。

我们已经知道了各个图形所代表的数字，也知道了个位和十位上数字的普遍规律，而右边这个三个叠在一起的图形却是极为特殊的。那能不能继续应用此前我们归纳出来的规律呢？现在再来看，最里面一层的图形，应该代表个位数，往外一层则代表十位数，那么再往外第三层的图形就应该代表百位上的数字了。所以这三组图对应的数字应该是5，51，125。这种从一般到特殊的推理方法就是演绎法。

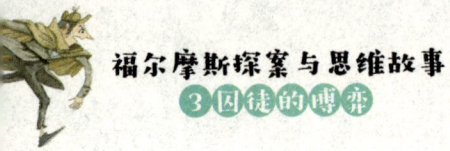

2 哈里的供词

"这个叫喵博士的家伙也太厉害了吧。"哈里害怕极了,哆哆嗦嗦着偷瞄喵博士。

"你先说说这张纸条是怎么回事。"喵博士直勾勾地盯着哈里的眼睛,吓得哈里浑身发抖。

"这……这其实是我们团队的接头暗号。有时候,我们被分配到新的任务,需要和不认识的人合作,就要用这种暗号来确定对方身份。比如这一次,我不敢相信对方说的话,给他看了这张纸条后,他读出了上面的密码,才敢和他合作。"

"原来是这样!你们的这种方法还挺巧妙。"格莱森冷笑一声,又骂道,"先说说你背后的老大

是谁!再把你陷害雷斯垂德的经过也交代清楚。你这家伙,平时看你规规矩矩的,没想到心眼这么坏。"

哈里回答说:"我……我其实也没见过背后的老大,真的!都是有人传达任务给我,我就去完成。"

哈里为什么要陷害雷斯垂德呢?这得从昨天晚上说起。当时,他们办完假威尔逊的案子,已经是凌晨了。哈里身体不好,累了一天,实在是迈不动腿,便走在了队伍的最后面。哈里路过一个巷口时,突然被一个戴帽子的人拦住了去路。

帽子男把哈里拉进了巷子里。他向哈里表明了身份,希望得到哈里的帮助。

哈里不敢轻易相信对方,他警惕地拿出一张纸条,又画上几个图案,来测试帽子男。帽子男回答正确。哈里这才相信了对方的身份。

帽子男向哈里打听了白天破案时的细节,又小声嘱咐哈里接下来该做什么,还给了他几粒迷药:

3 囚徒的博弈

"快去吧，得手了就赶紧出来，还得把这堆'礼物'送进去。"帽子男说着，轻轻拍了拍身旁的小箱子，嘴角露出了奸诈的笑容。

哈里回到警察局，装作若无其事的样子，和同事们一块儿吃夜宵。他趁雷斯垂德不注意，把迷药放进了雷斯垂德的杯子里。哈里又故意劝了威尔逊几杯酒，把威尔逊灌得醉醺醺的。吃过夜宵后，大家都各自回家了，雷斯垂德觉得头晕目眩，干脆睡在了警察局的宿舍里。

哈里左顾右盼，确定没人注意他后，偷偷摸摸地和帽子男碰了面。他从帽子男手里接过装现金的箱子和一沓犯罪资料，又蹑手蹑脚地溜进了雷斯垂德的房间。

药效已经发作了。"呼噜——呼噜——"雷斯垂德睡得很沉，呼噜声震天响。

哈里把装现金的箱子藏到了雷斯垂德的床底下，

又拉着雷斯垂德的手,在伪造的材料上盖了好几个章。

"威尔逊呢?威尔逊突然消失,是不是你搞的鬼?"喵博士质问道。

"是……"哈里垂下头,嗫嚅道,"他那么大一个人,要是把他弄出警察局,动静就太大了。我往他脸上抹了些灰土,把他弄得脏兮兮的,又倒了两瓶酒在他身上。他喝醉了,什么也不知道,迷迷糊糊地跟着我走。我把他带到了牢房,骗看守牢房的警员说:'老兄,今天巡夜的兄弟在街上遇到了这个酒鬼,骂骂咧咧要打人。先把他关起来,过几天再放出去。'"

"你说威尔逊被你关进牢房里了?你这混蛋,还

真厉害呀!"格莱森气得想打人,他赶紧吩咐手下,"你,你,快去把威尔逊放出来!"

福尔摩斯疑惑地问道:"哈里,我有一个问题没想明白。你们为什么要把现金和资料藏在警察局的宿舍里?藏在家里也行啊。谁贪污受贿,还把证据留在这么明显的地方?"

哈里愁眉苦脸地回答说:"这个问题我也问过帽子男,他的意思我不太明白。哦,不过我可以把他的原话告诉你们。他说'来不及了,我们的时间很紧,我没时间去他家。放在警察局宿舍也挺好,现金和资料越早被发现,雷斯垂德就会越早被拖下水。这样我才有机会下手'。"

听到这句话,福尔摩斯懊恼地说道:"糟了,可能出事了。我一直想不通他们为什么要布这个局。他们的阴谋漏洞太多,很快就会被拆穿,雷斯垂德不久就会被放出来。他们为什么还要这么做呢?除

非,他们的目标根本就不是雷斯垂德,而是要拖延我们的时间,让我们分身乏术。我担心,他们已经趁这个时机,骗走了格林老先生的戒指。"

"啊?"喵博士大吃一惊,焦急地说道,"福尔摩斯先生,我们得赶紧去找格林老先生,说不定还能阻止他们的行动。"

福尔摩斯忧心忡忡:"也只能试一试了。格莱森,你跟我们走一趟吧。格林老先生应该会相信你的话。对了,把哈里也带上。"

福尔摩斯一行人匆匆忙忙赶去了格林老先生家。管家却说:"老先生带威尔逊先生去密室了。""什么?密室?密室在哪儿?"喵博士急得直跳脚。

管家知道他们是警察和侦探,便带着他们到了密室门口。"我只能带你们到这儿了。这里的隔音效果非常好,外面敲门里面根本听不到。大门有密码,我不知道是多少。对了,如果你们能解出来,那我

福尔摩斯探案与思维故事
3 囚徒的博弈

可以带你们进去找他。格林先生说过,能解出密码的,一定是非同寻常的人,他愿意在任何时候见他。要不你们试一试?"

喵博士走到正门的密码机关前,仔细一看,那是一个棋盘,棋盘旁边摆着7颗棋子,每颗棋子上都有数字,分别是1,3,5,7,9,11,13。喵博士触摸着棋子,不明白要做什么。

忽然,福尔摩斯说道:"嘘,你们听,这是什么声音?"原来,喵博士触摸棋子后,棋盘下响起了轻柔的音乐声:"打开音乐门,二一三重奏。"

"二一三重奏,这应该是开门的提示吧。"格莱森嘀咕道,"我只听说过三重奏,还从来没听过

什么二一三重奏，哎，什么乱七八糟的东西。"

"三重奏？"格莱森的话无意中提醒了喵博士，"二一三重奏，会不会前面就是单纯的数字二十一，后面是三重奏的意思？"

福尔摩斯点点头，说："你看，这里有三条线。所谓的三重奏，会不会是说，每条线上的棋子，如果数字相加，正好是21？"喵博士一拍脑袋，说："三重奏，对应三条线，我怎么没想到！"他盯着棋盘和棋子，认真思考起来。过了一会儿，他把七枚棋子往棋盘上摆了一遍。几秒钟后，棋盘下传出了一阵动听的音乐声。伴着音乐声，密室的门缓缓打开。

同学们，你们知道喵博士是怎样摆放棋子的吗？

一个棋盘旁边摆着七颗棋子，每颗棋子上都有数字，分别是1，3，5，7，9，11，13。当触摸到棋子后，棋盘下响起了轻柔的音乐声："打开音乐门，二一三重奏。"这段音乐声是什么意思？究竟应该如何解开这个密码呢？

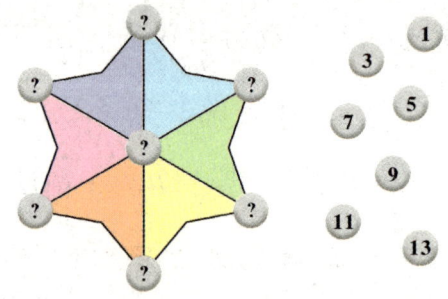

小提示

二一三重奏，会不会前面就是单纯的数字21，后面是三重奏的意思呢？你发现了吗，在棋盘上有三条不同颜色的线。所谓的三重奏，会不会是说，把每条线上棋子的数字相加，它们的和都是21呢？这么一来，你知道这些棋子应该怎么摆了吗？

答案：

这三条线有个共同点，它们都经过了同一个中心点。要破解这个密码，首先要破解三条线上的中心点。把三条线拆开来看，

如果把三条线上的数字加起来，是不是三个21，也就是63呢？

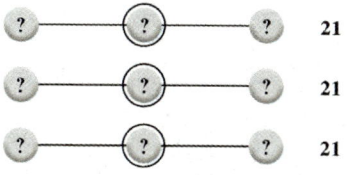

在上面三条线的九个数字之和中，中心的棋子被加了三次，但是在棋盘上，中心点只能放一颗棋子。如果让三条线数字之和63减掉棋盘上能摆下的所有数字，是不是正好多出两颗中心棋子之和的数字？而棋盘上一共七颗棋子，不管怎么摆，加起来都是49。我们用63减49等于14，就是两个中心点加起来的数字，中心棋子就是7。

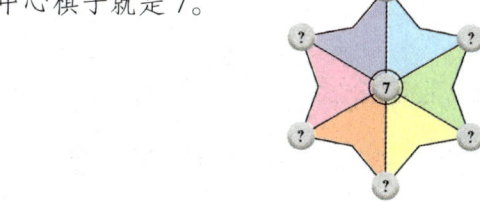

前面说了，每条线上三颗棋子数字之和是21，而中心棋子已经确定是7了，所以每条线上头尾两个数相加的和应该是14。接下来，你就知道应该如何填上剩余的数字了吧？这道题的答案并不是唯一的，下图只是众多答案中的一种，只要满足中心点是7，且每条线上数字之和是21就可以了！

3
假威尔逊的威胁信

"哇!太神奇了。"大门的机关真是巧妙,格莱森对棋盘产生了浓厚的兴趣。他鲁莽地伸出手,拿起一枚棋子观察。

"砰!"密室大门迅速合上。提示音再次响起:"大门没有完全打开前,请不要随意移动棋盘上的棋子,否则将会中断开门机关。请耐心等待三分钟,三分钟后重试。"

大家顿时目瞪口呆。"**砰砰砰——**"格莱森疯狂地拍打着门,但大门依旧紧锁。他只好沮丧地转向喵博士他们说:"只能再等几分钟了。"喵博士心里也着急,但此刻只能安慰格莱森说:"反正我

们刚才已经把密码破解出来了,那就再等等吧。"格莱森好奇地问喵博士:"你刚才是怎么解出这个密码的?"喵博士把破解过程告诉了格莱森。突然,喵博士一拍脑袋说:"其实还有更简单的方法!"

正想着,棋盘中的音乐又响了起来:"二次启动。请在6秒内打开音乐门,二五三重奏。"紧接着,响起了倒计时的声音:"6,5……""什么,六秒钟?"喵博士喊了起来。格莱森也叫道:"这回换成二五三重奏了。"他正想按刚才喵博士说的方法来试试,只见喵博士迅速地把其中一枚棋子放到了棋盘中心,然后啪啪啪地摆上其他棋子。正当他摆好最后一枚棋子时,倒计时刚好结束,大门重新打开了。

同学们,你们知道,喵博士找到了什么新方法,能在最短时间内破解这个密码的吗?

密室门打开后,大家急匆匆地走了进去。

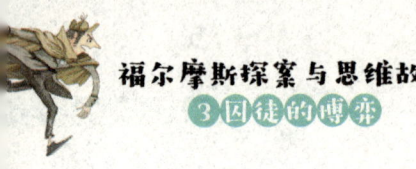

福尔摩斯探案与思维故事
3 囚徒的博弈

刚一进门,喵博士就发现一个人狼狈地趴在沙发前的地毯上。喵博士走上前去,努力扳过那个人的身子:"啊!福尔摩斯,这是格林老先生!老先生,你怎么了?"

格林老先生没有回答,他神色很平和,像是睡着了一样。至于假威尔逊呢?早已不知去向。

福尔摩斯留意到桌子上还放着一杯茶,茶水剩下一半。福尔摩斯看了看茶杯,又看了看老先生,说:"这茶水可能有问题,八成又是迷药。老先生,得罪了。"福尔摩斯用力地拍了拍老先生的脸,接着从口袋里拿出一个小瓶子凑到老先生的鼻子前,这里面装着一种能让人变得清醒的东西。

过了好一会儿,老先生缓缓睁开眼睛。他一看到福尔摩斯他们,立马颤颤巍巍地

举起手,激动地指着门口喊道:"抓、抓住他!"

一起跟来的管家连忙凑上前,恭恭敬敬地问道:"先生,你想要抓谁?"

"那……那个假冒的威尔逊!"格林老先生很虚弱,强烈的怒火让他喘不过气来。

管家很迷惑,挠挠头回答说:"先生,我一直在家门口检查园丁的工作,没看见有人出来。"

"你应该是一直在正门口。那个冒牌货是不是从后院翻墙出去了?我先去后院看看。"格莱森带着自己的警员冲了出去。

格莱森带着人刚走,管家立马把一封信交给了福尔摩斯。管家颤抖地说:"福尔摩斯。这是威尔逊,啊不,假威尔逊让我转交给你的。他说不能让格莱森知道。他还说,要是我办不好这件事,我就会惹上大麻烦。"

福尔摩斯拆开信,看了看信上的内容,他的表情更凝重了。不过，他还是贴心地安慰管家说："好，我知道了。别担心，你不会有事的，他没理由伤害你。"

福尔摩斯刚把信收起来，格莱森就急匆匆地跑回来："福尔摩斯，后院我搜查完了。草坪上有踩踏的痕迹，院墙上还留有脚印。假威尔逊肯定是翻墙跑出去了。我已经让人分头去追，不过，他已经跑远了，抓到的希望不大。"

"嗯，我觉得也是。"福尔摩斯又回到老先生身旁，他蹲下身问道，"老先生，你觉得好些了吗？发生了什么事？你怎么躺在地上？"

原来，假威尔逊哄骗老先生，让老先生把戒指拿给他。老先生带着他来到了密室，戒指就在密室里。假威尔逊把戒指骗到手后，立马撕破了自己的假面具。他得意扬扬地把事情的经过从头到尾讲了一遍，气得老先生怒火攻心。老先生暴躁地挥起手杖，想要阻拦他，却感到浑身软绵绵的，没有一点儿力气。

假威尔逊嬉皮笑脸地说："我端给你的茶，可不是一般的茶哦，里面还加了一点儿东西，可以让你睡得更香甜。再见啦！谢谢你的戒指。"

假威尔逊说完，打开大门便准备出去。老先生非常愤怒，想要冲上前抓住他。可是他浑身没有一点儿力气，刚迈开腿，就直直地摔倒在地。下一秒，他就晕过去了。

格莱森焦虑地问道："老先生，他把你的戒指骗走了，肯定是想拿戒指去银行取钱。你要不赶紧和银行商量一下，跟银行取消约定。只要银行不答应，他们就取不出来一分钱。"

老先生绝望地摇了摇头，回答道："没用的。我和银行签订协议的时候，担心出现其他的变故，就特意定了一条协议，银行只认信物不认人。就算我本人去，他们也不认。"

"这就难办了。"格莱森焦躁地转来转去，

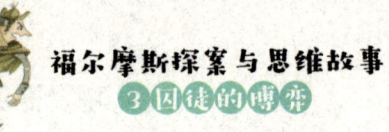

3 囚徒的博弈

"唔……福尔摩斯,你有办法吗?"

"没有。"福尔摩斯干脆地回答道。

"哎,大侦探也有**束手无策**的时候。我只能靠自己了。"格莱森决定从后院的脚印入手,沿着后院外的道路调查走访。

格莱森带着部下离开后,福尔摩斯也辞别了老先生。走出格林老先生家,喵博士感到很沮丧,他耷拉着脑袋说:"福尔摩斯先生,你都想不出办法了,这可怎么办啊?"

"其实,办法还是有的,只是不能让格莱森知道。"福尔摩斯苦笑道。

"啊?福尔摩斯先生,为什么呀?"喵博士疑惑地问道。

福尔摩斯掏出管家转交给他的信:"假威尔逊给我留了一封威胁信。你看看吧。"

假威尔逊的信里到底说了什么呢?

数学美感：
揭开数列中的小秘密

1. 喵博士想出了一个破解密码机关的新办法，可以很快确定出中心点的数字是多少。你知道他的新办法是什么吗？

2. 密码盘给出了新题目，你知道怎么破解吗？

小提示

1. 你有没有发现，这三对棋子里，加号左边的数是 1，3，5，每个都比前一个大 2；而加号右边的数是 13，11，9，每个正好比前一个小 2。这样它们每对数的和才会是一样的。这道密码题的关键其实是：密码盘上的七颗棋子，要拿掉哪一颗放在中心点，能让剩下的六颗棋子组合成三对，每对的和正好一样呢？

喵博士发现了一个秘密：中心点的棋子，只有可能是最大、最小或者最中间的那个数。快来想想这是为什么吧。

2. 如果你想明白了上面那个问题，就能很快破解出这道题的密码啦！

答案:

1.喵博士经过一番思考,发现以后如果遇到这种类型的密码题,可以立刻把中心点锁定在其中三颗棋子上,要么就是最大的,要么就是最小的,要么就是最中间的那个数字。喵博士把1,7,13这三个数字轮流试了一下,看把谁放在中心点,能让每条线上的棋子上的数字相加等于21,那它就是中心点了。以后就不用再把棋盘上所有棋子上的数字都加一遍啦!

2.这道题是二五三重奏,那就是棋盘上三条线上的棋子上的数字加起来正好都等于25。喵博士把中心点锁定在了最小、最中间和最大的这三个数字上,也就是1,7,13。他很快排除了1和7,那么中心点的数字就是13了。

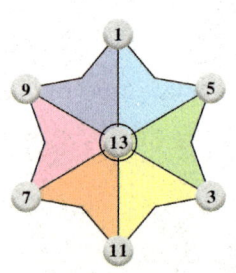

4
又见百晓通

喵博士展开信,小声读了起来:"大侦探福尔摩斯先生,非常感谢你们的帮助,有了格林老先生的财富,我们将在未来世界大显身手,期待我们的表演吧,哈哈。再给你一个温馨提示,如果不想时空之门的事儿被民众知道,就别把警方牵扯进来。你的好朋友。"

"时空之门?他怎么会知道?"喵博士看完信,大吃一惊。

"假威尔逊应该和当时给你看时光机器的人是一伙的。时空之门的事情,越少人知道越好,不然会乱套的。咱们接下来还是单独行动吧,别再去找格莱森和雷斯垂德帮忙了。"福尔摩斯一边解释,一边大步往前走,"我们现在先去银行想想办法,看看能不能探听到假威尔逊他们的线索。"

但没想到,他们在去银行的路上,就碰上了垂头丧气的格莱森。他刚从银行回来。

格莱森看到福尔摩斯,沮丧地说道:"格林老先生的钱已经被那帮骗子取出来了,唉!你是要去银行找线索吗?别去了,没用的。银行的工作人员说今天确实来了几个人,他们拿来戒指要求取款。但他们一直戴着口罩和帽子,工作人员根本看不清他们长什么样。我核实了一下他们填的个人信息,全是假的!"

"那他们还有什么奇怪的行为吗?"福尔摩斯问道。

"嗯……不知道这个算不算。"格莱森挠挠头,说道,"工作人员说,他们几个人一直在小声讨

论这些钱能不能流通什么的。哎,搞不懂这群人要干嘛。"

"哦,这样啊。"福尔摩斯拍了拍格莱森的肩膀说,"你也辛苦了,赶紧回去休息一下吧。"

同格莱森分别后,福尔摩斯突然变得振奋起来,步伐也加快了:"喵博士,快走,他们应该还没到。"

喵博士小跑着才能跟上福尔摩斯。喵博士迷糊地问道:"福尔摩斯先生,我们去哪儿啊?他们?他们又是谁?"

"他们就是假威尔逊和他的同伙啊。"福尔摩斯的神情轻松了许多,"我仔细想过了。假威尔逊的信里说,有了格林老先生的巨资,他们将在未来世界大显身手。取钱的人也在讨论能不能流通。我有一个大胆的想法:他们会不会是想把钱弄到未来世界去呢?"

"弄到未来世界去?不会吧。"喵博士说,"福

福尔摩斯探案与思维故事
3 囚徒的博弈

尔摩斯先生，你们这个时代用的钱，和我们21世纪用的钱不一样，他就算把钱搬到未来去了，也没办法用啊。"

"如果他把取出来的钱换成**黄金**呢？只要换成金条，不管在哪个时代，都是可以流通的。"

喵博士仔细想了想，说："这倒是行得通。那我们接下来去哪儿呢？"

福尔摩斯干脆地回答道："去一家金店！他们犯罪用的资金，一般会拿到那家金店去处理。我的线人之前就已经发现了他们的这个秘密交易点。"

喵博士有点**丈二和尚摸不着头脑**："福尔摩斯先生，你之前就认识他们了？"福尔摩斯回答道："我知道他们幕后的老大是谁。他跟我是老对手了！他给我留的那封信，其实就是想羞辱我！要不是我，他也拿不到这笔巨款。不过，最后到底谁输，还不一定呢。"

喵尔摩斯奇遇记

喵博士跟着福尔摩斯去了金店附近。这时候，有两个**形色匆匆**的人从金店走了出来，每人推着一个放了箱子的小推车。喵博士一看，其中一个不是百晓通吗？他连忙把福尔摩斯拉到一旁，指着百晓通小声说："我认识那个人，他叫百晓通，是我那个时代的人。他怎么会来这儿？怎么会是他来换金条？"福尔摩斯说："先别管那么多，跟上他们。"

他们跟着那两个人穿过拥挤的街道，逐渐远离了市中心，来到郊区。路上的行人越来越少，福尔摩斯和喵博士怕暴露行踪，只得远远地跟着。

他们看到前面有条河，河边泊着一艘快艇。百晓通走在前面，先推着小推车上了快艇。

福尔摩斯低声说："不好，不能让他们跑了。喵博士，听我指挥！"说着，他操起掉落在路边的一截树枝，用力向前扔去，正好砸中走在后面的那个人的后背。那人腿一软，摔倒在了地上。福尔摩

斯冲上前去，用手肘猛击那人头部。对方还没来得及反应过来，就晕了过去。百晓通一看情况不对，连忙发动快艇要跑。福尔摩斯匆忙地对喵博士说了一句："你想办法到对岸去找我。但别让地上那人跑了。"说完，他扑通一声跳进水里，拉住了快艇的绳索。

喵博士被眼前的一切惊呆了。快艇突突突地往前开，水里的福尔摩斯已不见了踪影。喵博士心急如焚。他想起福尔摩斯刚才的话，不管怎么说，得

先做好福尔摩斯交代的事儿。"到河对岸去找他,又不能让地上的这个人跑掉……"喵博士自言自语道,"先不管那么多了,趁着他晕倒,先把他绑起来再说。"喵博士火速跑到一旁的树林里,找了几根树藤,把那人绑了起来。"我要去河对岸找福尔摩斯的话,那也得把这个家伙还有他的推车弄过去啊。"他想去附近找找有没有船能过河。往旁边仔细一看,一簇水草丛里竟然隐蔽地停着一艘小船。

喵博士激动坏了。他连忙把小船从水草丛中拉了出来。哇,这船不是一般的小啊。船上刻着几个字:"应急小船,留给需要的人。本船载重100公斤。"

载重100公斤,那就是一趟只能载100公斤了。喵博士也不知道自己和晕倒的那个人,再加上推车上的箱子到底有多重。他先来到推车前,看到推车上放着两个箱子。这箱子看着倒是不大,但他拎了拎,天哪,也太沉了吧!搞不好,就这两个箱子,都能

把小船弄沉了。

为了保险起见,喵博士决定一箱一箱分开运过去,每次只运一箱。至于地上那个家伙,也得单独运一次,这样一来,喵博士就得来回运好几趟了。

不过,喵博士又想到一件棘手的事儿:那个家伙不知道什么时候会醒过来,万一他挣脱藤条跑了怎么办?喵博士左思右想,觉得只能尽量减少损失了。万一那人跑了,也绝对不能让他带着任何一只箱子跑掉。

同学们,喵博士这几趟该怎么运,才能确保那个人在任何时候都不会和箱子单独待在一起?他一共得运几趟呢?

逻辑推理：
突破惯性思维的逆向思维法

喵博士要把一名犯罪嫌疑人和两个箱子运到河对岸，考虑到船的承重情况，每次只能运一个人或一个箱子。为了避免犯罪嫌疑人在没人看着的时候挣脱藤条带着箱子跑掉，所以任何时候都不能让犯罪嫌疑人单独跟箱子待在一起。那喵博士要怎么运送呢？

小提示

你可以多加尝试，看看究竟哪种方案可行。常规的方法肯定是一次运一样过河，运过去后独自乘船返回，一共运三趟就完成了。但这次挑战不一样，喵博士不能把箱子和犯罪嫌疑人放在一起独自离开，这就要求我们突破惯性思维，反过来从新的角度去思考：是不是每次乘船返回时，要带些什么呢？

答案：

第一趟，先运犯罪嫌疑人过河，之后放下犯罪嫌疑人，喵博士独自返回。

第二趟，运一个箱子过河。为了确保犯罪嫌疑人没有机会带箱子逃跑，喵博士把犯罪嫌疑人又运回了出发地。

第三趟，把第二个箱子运到对岸，喵博士独自回到出发地。

第四趟，最后把犯罪嫌疑人重新运到对岸。因此喵博士一共运了四趟。

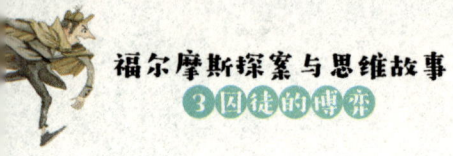

5
"狐狸"落网

喵博士想办法把犯罪嫌疑人和金条都运到了河对岸。他在岸边转了转,发现百晓通驾驶过的快艇就停在附近,可百晓通和福尔摩斯却不见踪影。忽然,喵博士发现河滩上有好几对不同的脚印:"一对、两对、三对、四对。"这些脚印一直顺着岸上的道路向前延伸。

"怎么有这么多脚印?难道是百晓通的同伙的?福尔摩斯呢?难道被他们抓走了?!"喵博士心里有个不祥的预感,脸一下子失去血色。

"不行,得想办法找到福尔摩斯他们。"喵博士心里暗想着。可他守着一名犯罪嫌疑人,还有两

箱沉沉的金条,要怎么行动呢?喵博士愁得眉头都打起了结。

"喂,我说,你要是放了我,我可以帮你找到其他人。"犯罪嫌疑人这会儿被喵博士绑在了旁边的一棵树上。他的名字叫汤姆,刚才就醒过来了,不过挣脱了半天,也挣不开紧紧缠绕着的树藤。喵博士鄙夷地看了他一眼说:"我才不会上你的当呢!"犯罪嫌疑人却说:"真的真的,我叫汤姆。我们的同伴担心后来的人找不到,有时候会在一些路口留下记号,这记号一般人看不懂,只有我们自己人才能看懂。"

喵博士却毫不客气地回应道:"这儿不是有脚印吗?我不会顺着脚印走?"可是,他要怎么带上罪犯汤姆,还有那两个沉重的箱子呢?

突然,喵博士看到前面有一辆推车,咦,这不是百晓通之前装金条用的那辆车吗?有了!喵博士先把犯罪嫌疑人汤姆的手脚绑得更结实些,再把他从树上解下来,接着让他坐到了推车上。就这样,喵博士吃力地推着两辆推车,**歪歪扭扭**地顺着脚印向前走去。

没走多远,前面的脚印就越来越模糊了。刚才在河滩边,脚印踩过水,所以很清晰,可是往后走,

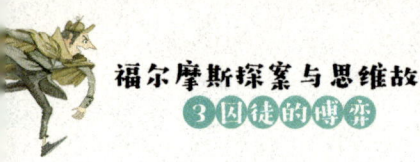

就渐渐变得模糊不清,难以辨认。

前面出现了一个十字路口,到底该往哪儿走呢?喵博士蹲在地上努力想找出脚印的痕迹。没想到,脚印没看出来,倒是在路边一个隐蔽的位置看到了几个符号。他想起刚才汤姆的话,连忙问道:"嘿,你刚才不是说有记号吗?是不是这个记号?"

汤姆往地上一看,嘴角掠过一丝得意的笑:"你得把我放了,让我好好活动活动,我才能想得起来。刚才被你们打晕了,我这脑子都已经糊涂了。"

喵博士心里知道,人是肯定不能放的,要是让汤姆带着金条再次逃跑,福尔摩斯一辈子都不会原

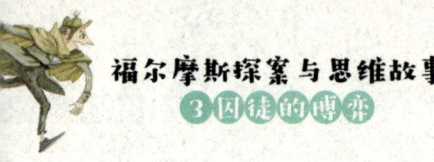

谅自己。

汤姆看了看喵博士的表情,又改口说:"要不这样,我先告诉你怎么走,等以后见了警察,你得替我说好话,别让他们定我的罪,这总可以了吧?"

喵博士觉得这个提议还算合理,回答道:"你这算将功补过,我一定会跟警察如实说。"

汤姆指了指地上的符号,说:"朝右边的那条路走。"喵博士又看了看符号,好奇地问:"你是怎么看出来往右的?"汤姆说:"这个……这里面的规则很复杂,一时半会儿我也解释不清楚。你相信我的话就好了。你想,我现在跟你撒谎也没什么好处,你不是都把我绑起来了吗?"

喵博士**半信半疑**,推着两辆车打算往右边走。走到右边的路口,他又回去看了看记号,接着调转了车头,往另外一个方向走去。汤姆在推车上大喊:"喂,你走错了!快回头!"

喵博士不理睬他，继续往自己选的那个方向走。同学们，你知道喵博士是怎么选择的吗？给你一个小提示吧，喵博士发现地上有四组图案，其中一组图案很特别，和其他图案都不一样，所以，他就选择了与众不同的那组图给出的方向。如果你们是喵博士，你们会选哪一个方向呢？

喵博士推着车又走了许久，直到看到了两个人。

"福尔摩斯先生！"

"队长！"

喵博士和汤姆的声音同时响起。

只见假威尔逊双手都被绑在背后，耷拉着脑袋，像霜打过的茄子。在他身后是**神采奕奕**的福尔摩斯。

喵博士兴奋得手舞足蹈，心里乐开了花：终于抓住假威尔逊了。假威尔逊狡猾得像一只狐狸。没想到，再狡猾的狐狸，也还是逃不出猎人福尔摩斯

的罗网。

喵博士蹦到福尔摩斯身旁,急切地说道:"福尔摩斯先生,你让我看着的犯人,好像是假威尔逊的助手。我们把他俩送到警察局去吗?"

"不止两个,"福尔摩斯哈哈大笑,"那边还有呢。"

到底福尔摩斯这边发生了什么呢?我们还得从福尔摩斯跳进河里的那一刻讲起。福尔摩斯跳进水里,去拉快艇的绳索。百晓通只顾着驾艇,根本没发现福尔摩斯下了水。快艇离河岸越来越远,百晓通回过头望了望,江面上没有其他快艇的影子。他得意地大笑道:"哈哈,福尔摩斯,喵博士,你们追不上了吧。"

快艇到岸后,百晓通立刻推着小推车下了快艇。福尔摩斯正想钻出水面,但是,他留意到对岸还有三个人。他们正冲着百晓通招手。

"糟了!"福尔摩斯心头一紧,看来他们跟百晓通是一伙的。对方人多,福尔摩斯不敢大意,他小心翼翼地躲在快艇的另一侧,竖起耳朵探听对方的动静。

一个人问道:"怎么样,百晓通,金条都换回来了吧?"

百晓通怨愤地踢了一脚地上的石头:"今天倒霉,碰到了扫把星。我被福尔摩斯盯上了,丢了一半的金条。"

"福尔摩斯?他怎么会发现你的?他现在人呢?"那伙人躁动起来。

"他在对岸,我把他甩开了。"百晓通似乎有些担忧,又说道,"情况有变,我们的计划也得修改一下。我现在带着金条赶紧走,你们立刻去跟队长汇报。"

"行,没问题。"其他人都点头同意。

"那我先走一步。"百晓通话音刚落,人就凭空消失了,跟着他一块儿消失的,还有那一车金条。同伙们的反应相当平静,似乎是看惯了这种场面:"走吧,我们赶紧去找队长。"他们一边说着,一边向前走去。

怎么会这样?百晓通的突然消失,让福尔摩斯十分惊讶,他心中的警铃响了起来:"难道……难道他又找到了别的办法穿越时空?"福尔摩斯顾不得多想,连忙悄悄地跟上了那三个人。

假威尔逊是怎么出现的呢?又是怎么被福尔摩斯绑起来的?

逻辑推理：
从整体视角出发的综合法

喵博士发现地上的四组图案中都有方向符号，这些方向符号各不相同，到底应该相信哪个呢？

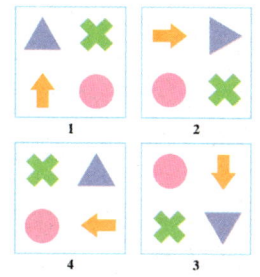

小提示

仔细观察这四组图案，其中一组图案与众不同，喵博士就选择了与众不同的那组图给出的方向。你能分辨出来哪一组与其他三组的图案不一致吗？

答案：

首先给这四组图进行编号，按顺时针的顺序分别标上1、2、3、4。

如果只看四个箭头的方向，你可能一下看不出有什么问题，但如果把每组图作为一个整体来看，问题就迎刃而解了。你会发现第1组的图顺时针旋转90°就变成了第2组的图，第2组的图再顺时针旋转90°就变成了第3组的图，而第3组的图怎么转也转不出第4组的图，由此可以分辨出第4组的图案是与众不同的那一组，最后喵博士就选择了这组图中箭头指示的方向。

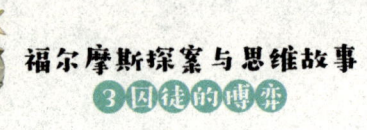

6
福尔摩斯的锦囊妙计

前方的道路十分难走,路边长满了杂草。走了一会儿后,那伙人钻进了阴暗的树林。树林深处,时不时传来几声怪异的鸟鸣。

其中一个人开始发牢骚:"队长是怎么想的呀,为什么要选在这种破地方接头?我都快迷路了,真让人心烦!"

另一个人一边拨开路边的杂草和树枝,一边安慰同伴说:"越偏僻的地方,越不容易被发现。咱们也就来这一回,忍忍吧。"听到他们的对话,福尔摩斯心中窃喜:"看来这片树林不是他们的据点,他们对这儿也不熟悉。万一动起手来,我还有几分

胜算。"

这伙人最后来到了一处废弃的小屋。福尔摩斯猫着腰，蹑手蹑脚地躲到了窗户底下。屋子里传来假威尔逊严厉的声音："怎么回事？人呢？金条呢？"

一个人回答说："队长，出事了，百晓通被福尔摩斯盯上了，丢了一半的金条。百晓通怕再生事端，先带着金条走了。"

"福尔摩斯！福尔摩斯！又是这个**阴魂不散**的家伙！"假威尔逊面露凶光，暴躁地在屋子里走来走去，"我们得想个办法，好好收拾收拾这个瘟神！哼，福尔摩斯，你最好别落到我手里，否则……"

门外的福尔摩斯在心里轻蔑地冷笑着："你们还是多担心担心自己吧。"福尔摩斯不是鲁莽的人，心里正琢磨着，"对方总共有四个人，我就算身手再好，也没办法同时制服四个人，得想想其他办法。"

他发现屋外的墙上，挂着许多动物的毛皮，还

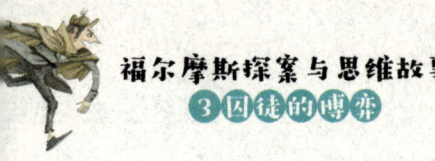

3 囚徒的博弈

有一根打猎用的**鞭子**。看来,这间屋子原来的主人,应该是个猎户。

"这鞭子还不错,说不定待会儿用得着。"想到这里,福尔摩斯便把门外墙上的鞭子取了下来。

"我再到附近找找,看看还有没有别的能利用的工具。"福尔摩斯又猫着腰离开了小屋。他在附近的树林侦察时,草丛里跳出来一只胖嘟嘟的兔子,兔子欢快地蹦了几步,突然不见了。

福尔摩斯疑惑地走上前去查看。他惊讶地发现,兔子消失的地方,有一个小小的洞口,底下是一个深坑。福尔摩斯又试探着用一只脚轻轻踩了踩前方的地面,居然是空的。

原来,这儿是一个又大又深的**陷阱**。陷阱应该是原来的猎人挖的,用来捕猎凶猛的野兽。刚刚那只倒霉的兔子,正好掉进了陷阱里。

"太好了!就靠你了!"福尔摩斯眉开眼笑,

又抱来枯叶和树枝，把兔子砸开的破洞伪装起来。

布置好一切后，福尔摩斯回到了坏人们集合的小屋。他躲到了窗户底下，却故意摔了一跤，弄出一些动静来。

"谁！谁在外面！"假威尔逊警觉地喊着，同时冲出了大门。

福尔摩斯连忙拔腿就跑。"追！别让他跑了！"假威尔逊一声令下，三个同伙立刻冲在了前面，向福尔摩斯追来。

"鱼儿上钩了。"福尔摩斯窃喜着向刚才经过的树林里跑去。到了陷阱前面，福尔摩斯拽住从一旁大树垂下来的藤条，灵活地荡了过去。

第一个冲上来的人觉得有些奇怪，急忙刹住脚步："停！"可是，后面的两个人不知道发生了什么，根本没有时间反应。"啊！"他们俩把第一个人撞进了陷阱，自己也**咕噜咕噜**滚了进去。

假威尔逊是只老狐狸，跑在最后面。他看见手下们都掉进了陷阱，立马朝反方向逃去。

"你也别想跑！"福尔摩斯甩开鞭子，抽在了假威尔逊的腿上，假威尔逊一个趔趄，摔了个狗啃泥。福尔摩斯飞扑过去，把假威尔逊绑成一个大粽子。

这就是福尔摩斯抓住他们一伙人的经过了。

福尔摩斯和喵博士把坏蛋们送到了警察局。这时，雷斯垂德已经洗清冤屈、恢复工作了。离开警察局时，福尔摩斯特意交代道："雷斯垂德，你一

定要好好审问假威尔逊,还有他的助手汤姆,他们俩一定知道不少秘密。"

雷斯垂德信心十足,意气风发地拍了拍胸脯:"我办事你们还不放心吗?对付这种人,我有的是办法。等我的好消息。"

福尔摩斯轻笑一声:"雷斯垂德,如果审讯过程不顺利,你可以试试这个办法。"于是,他凑到雷斯垂德的耳边,轻声细语地跟他讲了

几句，然后又扭过头对喵博士说，"走吧，看这几天忙的，我都没有时间去听音乐会了。"福尔摩斯说完就带着喵博士听他最喜欢的音乐会去了。

回家路上，福尔摩斯兴致勃勃地和喵博士回顾了这几天的经历，对喵博士所表现出来的聪明勇敢大加赞扬，说得喵博士都不好意思了。不过，喵博士心中还有个谜团没有解开呢，他好奇地问："福尔摩斯先生，你最后对雷斯垂德说了些什么啊？"福尔摩斯狡黠地笑道："暂时保密！一会儿你就知道了！"

果然，他们一回到家，就来了一位熟悉的客人——雷斯垂德。雷斯垂德喜笑颜开地说道："福尔摩斯！你真是太厉害了！多亏你给我留下的**锦囊妙计**，帮我撬开假威尔逊那张石头一样的嘴。"

喵博士再也抑制不住自己的好奇心，请求道："福尔摩斯，雷斯垂德，你们跟我说说嘛，到底什么方

法呀？"

雷斯垂德嘿嘿一笑，回答道："一开始，假威尔逊的三个同伙倒是交代了一些事，不过他们掌握的内幕很少，所以价值不太大。倒是假威尔逊，参与了整个案子，而汤姆去换了金条，本来还要跟消失的百晓通一起行动，所以他们都是关键人物。但他们俩一直抵赖，什么都不肯交代，我审讯了好长时间，还是没有任何进展。最后，我想到了福尔摩斯的提示。首先，我把他们隔离开，不让他们互通消息。然后，再好好跟他们讲讲交代和不交代的下场，让他们自己掂量掂量。"

喵博士听得有些糊涂，便问道："他们会有什么样的下场啊？"

雷斯垂德解释说："根据他俩审讯时的不同表现，他们会被判不同的罪行。第一种情况：两个人都不交代更多的犯罪事实，那么，警方根据现有的证据，

给他们判个 10 年应该没问题。第二种情况：大家都坦白交代，说出他们还干过哪些坏事，那各种罪行加在一起，就算坦白从宽，也还是大概要判 15 年。第三种情况：一个人坦白交代，另一个人坚决抵赖，这种情况，会大大奖励坦白的人，可能只要关 3 年；而抵赖的那个人呢，他就惨了，要被关一辈子。我跟他俩交代清楚后，他俩居然都坦白交代了罪行。"

案件成功告破了，福尔摩斯邀请喵博士在他的客房过夜，窗外下着小雨，听着滴滴答答的雨声，躺在舒服被窝里的喵博士感觉十分惬意。这下，他能睡个踏实觉、做个好梦了！

逻辑推理：
通过假设作出正确选择的博弈论

摆在两名犯罪嫌疑人面前的只有两种选择，交代犯罪事实或不交代犯罪事实。如果两名犯罪嫌疑人都拒不交代，那么每人会被关10年大牢。如果两人都交代，会被关15年。而如果一人交代了，另一个人不交代，交代的人只要关3年，不交代的人一辈子也别想出来了。结果两人同时选择了交代，他们是怎么想的呢？

小提示

你只要把各种可能的情况都列出来，考虑对方可能做出的所有选择，逐一地进行比较后，就能看出来哪个选择是最有利于自己的啦！

答案：

首先假设对方会交代。这时自己如果不交代，就得关一辈子；而如果交代，要关15年，总比关一辈子要好。所以这种情况下，最好选择交代。

接下来假设对方什么都不交代。这时自己如果交代了，只要关3年就好了；而如果不交代，那还得关10年。所以这种情况下，最好选择交代。

所以这两名犯罪嫌疑人各自都会想着怎么做对自己更有利。这时，他们都会选择交代。

7
奇怪的报名表

"福尔摩斯,你听说过莫教授吗?嗯……名字叫**莫里亚蒂**。"这天早上,雷斯垂德急急忙忙地跑来问道,"犯罪嫌疑人们都说,他们只是受莫教授指使,替他干活。"

福尔摩斯刚要开口回答,雷斯垂德又说起一件特别奇怪的事情。假威尔逊说,有个叫百晓通的家伙,通过什么时空之门,把另外一半的金条都带到未来世界去了。不过,再问假威尔逊具体的信息,他也说不清楚。假威尔逊说,犯罪集团内部分工明确,自己不能插手这方面的任务。

"雷斯垂德,你怎么看呢?"福尔摩斯抱着手

臂问道。

"其他警察都认定假威尔逊是在说谎,认定假威尔逊一定是把金条藏起来了。不过,"雷斯垂德迟疑了一会儿,说道,"凭我对他的观察,我觉得他不像是在说谎。"

"哈哈哈,雷斯垂德,你最近进步很大嘛!"福尔摩斯拍了拍雷斯垂德的肩膀说,"莫教授这个人,我相当熟悉。我以后可以给你讲讲他的故事。至于假威尔逊说的那些事儿嘛,等我调查出结果,会告诉你的。"

雷斯垂德本想寻根究底,可福尔摩斯的表情告诉他:"不用再问了,我现在不会告诉你。"

雷斯垂德继续说道:"假威尔逊还说,他们之前租住的那栋小房子,其实还藏有秘密,也和那个叫百晓通的有关。"

"什么小房子?树林里的那个?"喵博士仰起

头，疑惑地问道。

"不不不。"雷斯垂德的脑袋摇得像拨浪鼓，"不是那间破屋子，是我之前带人伏击的那一处。假威尔逊的床头有一幅装饰画。画的背后，藏着百晓通的工作记录本。假威尔逊上次只顾着逃命，没时间带上记录本。"

"那他后来怎么不去取？"喵博士立马问道。

雷斯垂德解释道："假威尔逊闹出这么大的风波，还惊动了警察，把房子的房东吓坏了，房东马上就把房子收回来租给别人了。现在，是一对老夫妻住那儿。另外，假威尔逊说，记录重要事情的那几页已经被百晓通撕掉了。所以，假威尔逊也不怎么在意那个本子。"

雷斯垂德和福尔摩斯闲聊了一阵后，就离开了贝克街。福尔摩斯决定带着喵博士去那所房子看看。他们俩走到房子的大门口，正好看到一对老夫妻坐

在门口。老爷爷咳嗽个不停,老奶奶抱怨道:"你都咳成这样了,还不按医生说的好好喝药,净瞎胡闹!"

喵博士他们过去打招呼,夫妻俩却顾不上搭理他们,还在争执着怎么喝药的事儿。喵博士在一旁听了一会儿,总算听明白了。原来,老爷爷去医院开了药,医生嘱咐他,一杯苦药水要搭配一杯甜药水。可老爷爷喝着喝着,就搞不清楚每种药水喝了多少。

老奶奶说:"你再好好回忆回忆,刚才到底是怎么喝的?"

老爷爷努力回想着:"嗯……我先往杯子里倒了一杯苦药水,喝到一半,哎呀妈呀,太苦了,就往杯子里倒满了甜药水,这样应该能好喝点。"老奶奶忍不住补充道:"你是不是把这杯混合药水喝了一半,又往里倒满了甜药水,还一口气喝光了?"老爷爷嘿嘿笑着说:"你都看到了,还问我。"老

福尔摩斯探案与思维故事
3 囚徒的博弈

奶奶生气地说:"医生明明让你一杯苦药水搭配一杯甜药水,看你现在喝得乱七八糟的。"

这时候,喵博士却马上对老夫妻说,他知道老爷爷到底喝了多少苦药水、多少甜药水。老夫妻一听,连连夸奖喵博士聪明,脑子转得真快。同学们,你们知道喵博士是怎么算出来的吗?你们的答案是什么呢?

接着,喵博士向老夫妻表明了他和福尔摩斯为什么会来到这里。老夫妻热情地领着他们进了屋。福尔摩斯直奔卧室,在假威尔逊提到的地方,找到了一个厚厚的本子。

福尔摩斯翻了翻,里面好多页都被撕掉了。

喵博士叹了一口气:"哎,这个本子好像没什么用啊。咦!等等,等等。"

喵博士的眼睛一下子亮了起来,他按住福尔摩斯的手:"这不是我的照片吗?"

福尔摩斯的手停在了那一页。这一页上，贴着一张**报名表**。报名表的抬头是：寻找下一个福尔摩斯。

"这是什么？"福尔摩斯皱着眉头问道，"报名时间是2018年……"

"寻找下一个福尔摩斯？"喵博士突然惊讶地喊道，"这是一个智力比赛呀！福尔摩斯，在我那个时代，两年前我参加过一个比赛。我报了名，还闯到了最后一关。本来还想冲刺一下冠军，没想到，

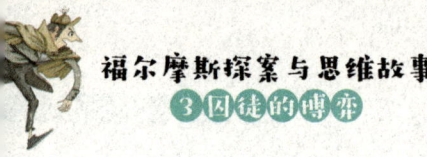

主办方忽然人间蒸发，消失不见了。这事儿也就不了了之了。"

福尔摩斯又往后翻了好几页，还看到几张其他孩子的报名表，这些孩子们来自不同的国家，每个人脸上都是天真灿烂的笑容。此外，每张表上都写着他们的考核分数，几乎都是100，99。

"咦，报名表上也有这个字母啊！"喵博士指着表的右下方说道，"福尔摩斯，这个章的中间，是一个**大写字母'M'**。"

"喵博士，我记得你说过。你之所以回伦敦来，是因为你收到过一封神秘人的来信，对吗？"得到喵博士肯定的答复后，福尔摩斯又问道，"你还记得那个信封长什么样吗？是不是也有这个字母？"

"我应该没把信封扔掉吧！"喵博士在口袋里找了好久，终于找到一个皱巴巴的信封。信封的背面，真的印着一个浅浅的大写字母"M"。

"喵博士,我知道他们为什么会找上你了。"福尔摩斯把所有的事情都串联起来了,"一开始,坏人们想要找一些聪明善良的小孩,借这些孩子的力量去干坏事。于是,他们在世界各地举办了智力比赛,筛选出合适的目标,也就是本子上的这几个孩子。坏人们还给他们寄了机票和门票。"

"福尔摩斯先生,你见过他们吗?"喵博士认真地看着报名表上的照片,福尔摩斯却摇了摇头。

这些孩子有没有到达伦敦呢?为什么坏人没有让喵博士干活,反而让喵博士遇见了福尔摩斯呢?

数学美感：找出最简单的方法

老爷爷要用一杯苦药水搭配一杯甜药水来喝，但他却搞不清楚每种药水喝了多少。根据回忆，他先往杯子里倒了一杯苦药水，喝到一半，就往杯子里倒满了甜药水。接着，他把这杯混合药水喝了一半，又往里倒满了甜药水，最后一口气喝光了。那么到底他喝了多少苦药水、多少甜药水呢？

> **小提示**
>
> 　　如果去算杯子里什么时候剩下什么药水，很容易让人晕了头。有没有又快又准的好办法呢？给你个提示：如果不从杯子的角度想，而是从药水的角度思考，你能得到答案吗？

答案：

　　如果换一个思路，去想想往杯子里倒过多少药水，答案马上就出来啦！

　　老爷爷一开始往杯子里倒了一整杯的苦药水。后来，再也没添过苦药水，所以，他一共喝了一整杯苦药水。

　　甜药水倒了多少呢？你看下他的操作，是不是第一次倒了半杯，喝下去半杯后又倒了半杯，半杯甜药水加半杯甜药水，刚好一杯啦！

　　所以老爷爷把药水倒来倒去，其实正好是倒了一杯苦药水、一杯甜药水。你答对了吗？

8
时空之门研发室

原来,百晓通他们就是给喵博士寄机票和门票的神秘人。其他几个小孩现在在哪里?为什么只有喵博士遇见了福尔摩斯?百晓通居然能自由穿越时空,他是找到了什么新方法吗?这么多的问题,依旧困扰着福尔摩斯和喵博士。

"时空之门的记录全都没有了?不会吧。"喵博士不死心,又拿起工作记录本,仔细浏览每一条可疑信息。"时空之门研发室!"忽然,专心查找的喵博士大喊一声,声音激动得直颤抖。喵博士又往后看去,本子上写着:"时空之门研发室负责人住址:**太平洋**。""太平洋"三个字,还是特意用

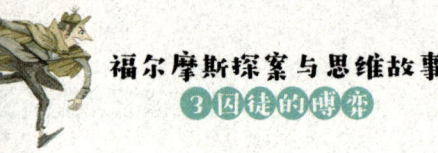

福尔摩斯探案与思维故事

3 囚徒的博弈

中文写的。

"太平洋？"喵博士一下子泄气了，气鼓鼓地说道："原来是个恶作剧。谁会住在太平洋上啊？就算这个人真的住在太平洋上，我们也没办法去找他。"

"太平洋？"福尔摩斯仔细琢磨这三个字，突然灵光一现，肯定地说道，"喵博士，这不是恶作剧。我知道这地方在哪里。跟我走吧。"福尔摩斯带着喵博士离开了小房子。过了一会儿，他们俩出现在了一家中国人开的时装店门口。

喵博士站在店铺前，疑惑地看着店铺里**琳琅满目**的衣服，冷不丁地问了一句："福尔摩斯先生，你想买女装吗？"

"说什么傻话！"福尔摩斯憋着笑，戳了戳喵博士的脑袋。福尔摩斯指着店铺前的广告语说道，"你看看，那上面写的是什么？"

"太太首选，平价女装，洋气十足。"喵博士

照着读了出来，读到最后一个字时，喵博士茅塞顿开，"哦！福尔摩斯，太平洋！它们最前面的三个字组合起来，就是太平洋！"

福尔摩斯和喵博士走进了时装店，店铺老板热情地迎上来，脸上的笑容堆得像一朵花："两位，需要些什么啊？本店应有尽有，保证物超所值！"

福尔摩斯开门见山地说道："我们是来找人的，我是福尔摩斯。我们想找托马斯先生。"

店铺老板的表情比天气还善变。他立马收起笑容，将福尔摩斯和喵博士从头到尾好好地打量了一番，说："我给你们带路。"接着，他把福尔摩斯他们带到一扇门的前面，神秘地说道，"走进这扇门，里面是个通道，你们要找的人就在通道的尽头。"福尔摩斯和喵博士刚要走进通道，店铺老板突然拉住他们。"等下，带上这个。"老板说着，把一个小小的纸袋子塞到喵博士的手上。

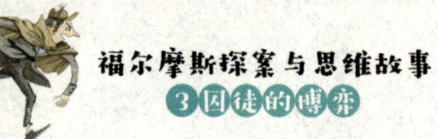

3 囚徒的博弈

喵博士好奇地问道:"老板,请问这个纸袋是做什么用的?"老板没有回答他,只是说:"带上吧,一会儿你们就知道了。"福尔摩斯和喵博士顾不上那么多,按老板的提示,走进了通道。他们刚走进去,背后的大门砰的一声就关了,四下一片漆黑,伸手不见五指。

他们摸索着前进。喵博士心里有好多疑问,他问福尔摩斯:"这位托马斯就是研发时空之门的人吗?"福尔摩斯回答道:"正是。他是顶尖的科学家,是时空之门的核心研发人员。"

喵博士更疑惑了:"可是,时空之门跟百晓通他们这些坏蛋脱不开干系,你怎么会认识他啊?"

福尔摩斯哈哈一笑:"上次我闯入莫里亚蒂教授的实验室,意外结识了这位'朋友'。你是不是觉得托马斯肯定也是百晓通的同伙,是坏人?"

"他不是坏人吗？"

福尔摩斯想了想，回答道："其实，托马斯不是好人也不是坏人。他嘛……更像是一个怪人。他只想专心从事科学研究，从不关心研究背后的目的。他不会偏袒莫教授，也不会主动帮助我。"

喵博士说："你刚才说莫里亚蒂教授，我其实听过他的名字。我看过《福尔摩斯探案全集》，里面就有莫里亚蒂这么个人物。而且，他还是你的死对头，对吧？""嗯。"福尔摩斯回应道。喵博士接着说："莫里亚蒂本来是个智商超群的数学教授，但他痴迷犯罪，创建了一个庞大的犯罪集团。书里说，伦敦市里几乎一半的案子都与他有关，每次犯案后，他都没有留下任何线索。真是个可怕的人！更可怕的是，他做了那么多坏事，伦敦的市民却没听说过他的名字。书里是这么写的。"喵博士一口气说出了书里关于莫里亚蒂的许多内容。

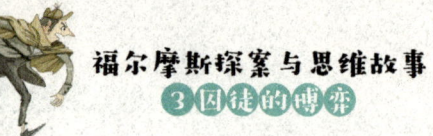

3 囚徒的博弈

福尔摩斯点点头，对喵博士说道："我一直没说，是因为我要先考核你的能力。现在我可以确定，你的考核通过了。你可以和我并肩作战，打击莫里亚蒂，也就是莫教授的犯罪活动。"

福尔摩斯停顿了一会儿，接着说："莫教授请科学家研究出了穿越时空的方法。而我意外知道了这件事。我们后来抓捕的假威尔逊、汤姆，还有逍遥法外的百晓通、飞毛腿，这些人其实都听命于幕后黑手——莫教授，他们都属于莫教授的犯罪集团。你还记得你在好几个地方都见到过的一个大写字母'M'吗？这就是莫教授的标志。这位一直藏在暗处的莫教授，才是我们真正的敌人。"

他俩说着话，不知不觉就走到了通道的尽头。面前有一扇门，应该是到了科学家托马斯的住处。喵博士砰砰砰地敲起了门。这时，门的另一头传来了一个人的声音："你们的纸袋里有四双袜子，两

双蓝色，两双黑色，每只袜子的款式都一样。请选出一双蓝色的和一双黑色的，从门缝底下塞进来。"

喵博士听到这话，大吃一惊。他想起进通道前，店铺老板塞给他的纸袋，黑暗中，他连忙把手伸进袋子里。里面果然是袜子，每一双的两只袜子还用细绳连在一起。他摸索着数了数，果然是4双。可是，这通道里**黑灯瞎火**的，哪儿能分得出蓝色和黑色啊。福尔摩斯说："这位托马斯是个科学狂人。他是不会轻易放过这种做测试游戏的机会的。"

就在这时，通道里响起了倒计时的声音："10，9，8，7……"

喵博士听着这倒计时的声音，紧张得小心脏**怦怦乱跳**，而福尔摩斯却默不作声。突然，喵博士连声喊道："知道了知道了！"说完便手忙脚乱地选出几只袜子，摸索着从门缝里塞了进去。只听"吱呀——"一声，门开了，通道也亮了起来。喵博士

福尔摩斯探案与思维故事
3 囚徒的博弈

低头看袋子里剩下的袜子,哈哈,剩下的袜子也正好是一双蓝色的和一双黑色的。同学们,你们知道喵博士在黑暗中是怎么从两双蓝袜子、两双黑袜子中,找出一双蓝色的和一双黑色的吗?

通道尽头的门打开后,里面是个不大的房间,一张老大的桌子占据了显著的位置,桌面上摆满了各种设备仪器。一位胖乎乎的中年男子坐在桌子后,一边忙活着手里的事儿,一边抬头冲着福尔摩斯咧嘴憨笑道:"是你啊,福尔摩斯,你终于来了。"福尔摩斯大笑道:"哈哈,好久不见啊,托马斯先生!"

福尔摩斯为什么要找托马斯先生呢?托马斯能给他们带来什么帮助吗?

逻辑推理：
突破惯性思维的逆向思维法

科学家托马斯在自家门前设置了关卡，纸袋中有四双款式一样的袜子，两双是蓝色的，两双是黑色的，每一双的两只袜子还用细绳连在一起，需要喵博士选出一双蓝色的和一双黑色的袜子。然而周围漆黑一片，根本无法看到袜子的颜色，喵博士怎样才能在最短时间里准确地选出对应颜色的袜子呢？

小提示

如果只是随机地从纸袋中取两双出来，那有可能拿出来的两双都是蓝色的，或者两双都是黑色的，这样大门可就打不开了。这就需要我们转换思考的方向，给你个小提示：每只袜子的款式都是一样的哦！

答案：

既然是两双蓝色的两双黑色的，如果从每一双里取一只出来，那不就肯定是两只蓝色的和两只黑色的嘛！这四只袜子一配对，就能凑出一双蓝色的和一双黑色的啦。

这就是逆向思维的威力，当使用某个固定的思维方式思考问题而行不通时，逆向思维会帮助你独辟蹊径，从另一个全新的角度去思考，从而能更容易地解决问题。这个办法你想到了吗？

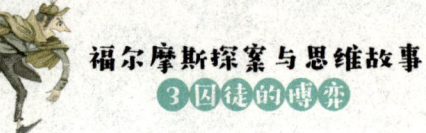

9
卡片上的线索

托马斯正坐在实验桌前忙活,他抬头笑呵呵地打了个招呼,鼻梁上架着一副厚厚的小圆眼镜,胖胖的脸和气十足。

福尔摩斯径直坐在托马斯对面的椅子上,说:"托马斯,你果然回伦敦了。"托马斯推了推鼻梁上的眼镜说:"福尔摩斯,时空之门是莫教授花钱请我研发的,你趁我不在,改了设置,害得他们穿越不了,倒是喵博士穿越过来给你当了助手。你可真行啊!"福尔摩斯脸色严肃下来,说:"是你把设置又改回去了吧?托马斯,时空之门惹大祸了。你知道伦敦富豪格林老先生吧?他的财产被莫教授的人骗走了,

其中有一半被带到未来世界去了。"

托马斯倒也不觉得震惊,平静地说:"是吗?我只负责研发时空之门,至于他们拿去做什么用途,我可管不了。就好像铁匠卖菜刀,他能管得了别人买菜刀是去切菜,还是去干坏事吗?"

福尔摩斯继续说:"你一定还有办法让我们也到未来去,对吧?格林老先生已经让警察用巨款来悬赏,去追回他的另一半财产。你可以跟我们合作,这样,你的研发经费又可以多一笔了。"

托马斯眼里闪过一道亮光。他确实需要很多经费来继续他的科研活动。不过,他没有马上表态,而是用了缓兵之计:"福尔摩斯,别着急,我手上还有些事儿要忙。要不,你先回到服装店去等我吧。你在这儿,有些事儿我不方便做,哈哈。"福尔摩斯见托马斯如此狡猾,只好先顺着他的意思来:"行,我们先到服装店去等你,你需要多久?"托马斯眨

福尔摩斯探案与思维故事
3 囚徒的博弈

巴眨巴他的小眼睛，说："一小时，就一小时。"

福尔摩斯郑重地提醒托马斯说："这一小时，你做什么都可以，但我劝你别去联系莫教授的人。你说你研发时空之门不算犯法，但你要是干扰了警察破案，就不是铁匠卖菜刀那么简单了！你就是同伙！而且，莫教授给你的钱，都是做坏事换来的，如果我去告诉警察，那么，你的所有钱都是赃款，警察随时可以没收。所以，你做科研就做科研，别掺和太多事。"

托马斯结结巴巴地回答道："我、我、我知道啦！放心吧，我只做科研，不掺和别人的事。"

福尔摩斯听到托马斯的保证，这才带着喵博士离开了他的工作室。他们穿过通道，走回刚才的服装店。喵博士忍不住问福尔摩斯："我来伦敦遇到的一切，都是莫教授他们刻意安排好的吗？例如，神秘的门牌号，珠宝店识别用假钞的黑衣人，酒壶

倒酒……这一切都是为了考验我吗?"福尔摩斯回答道:"没错,这些应该都是他们为了考验你而设计的。"

喵博士好奇地追问道:"那为什么没有看到其他的小孩呢?我们上次在记录本上看到好几个小孩的资料,那些应该都是被他们选中的,对吧?"

福尔摩斯思索着,回答道:"我猜想,这些孩子都在不同的地方接受考验。也许哪天我们不经意遇到的一些孩子,就是被莫教授培训过的。"

喵博士还是觉得很疑惑:"他们明知道我崇拜你,而且我已经拜你为师了,为什么还有信心觉得我会替他们干活呢?我看他们简直就是白日做梦!"

福尔摩斯却皱起了眉头:"以我对莫教授的了解,他不会做这么没把握的事儿。他到底会用什么办法逼着你替他们干活,现在还不好说。但是,你不能大意,接下来,有可能会越来越危险。"

3 囚徒的博弈

喵博士拍着胸脯说:"不管他们怎么强迫我、威胁我,我都不会乖乖听他们的话的!哼,太小看我喵博士了!对了,福尔摩斯,我还有一个大大的疑问。我之前没有用时空之门的时候,为什么也有几次穿越过来了呢?你还记得我看你和华生打牌的那次吗?你上次告诉我,如果我触发某些开关,就算不用时空之门,也可以穿越,是这样吗?"

福尔摩斯回答说:"这是个偶然的收获。我上次修改时空之门的设置时,好像获得了一种特殊的能力,能使未来世界极少数的人穿越过来和我见面。不过,这是有条件的:一是那个人和我有**心电感应**;二是那个人当时强烈想见我或为我做了一些事;三是当时的时空磁场和我们之间的**心电磁场**正好相吻合,这时候,未来世界的那个人就能穿越过来跟我见面。这种穿越只会发生在很偶然的时候,而且,穿越的时间很短,没法久留,随时都会回去。你还

记得吗?你前几次这样穿越过来,很快就突然回到你的时代了。而这次,你是通过时空之门来的,就待了很长时间。"

喵博士恍然大悟:"原来是这样!对了,我还是有疑问。既然我到伦敦,甚至通过时空之门穿越过来的这一切都是莫教授设计的,为什么他们看着我给你当助手,却没有采取任何行动呢?而且,为什么他们会给我寄福尔摩斯博物馆的门票?这不就让我更有机会跟你接触了吗?"

福尔摩斯回答道:"这就是他们的狡猾之处了。他们知道你一直崇拜我,是吧?他们邀请你去福尔摩斯博物馆,你不容易起疑心。至于为什么让你穿越过来跟我碰面,根据我的推测,一来他们想试试时空之门的效果到底怎么样;二来嘛,他们可能是故意让你跟在我身边,熟悉我破案的手法,学习我破案的技巧。他们做的每件事,都是有目的的。"

福尔摩斯看了一眼时间:"一小时到了,我们可以回去找托马斯了。"

他们再次走回通道。当他们走到通道的尽头,喵博士**咚咚咚**地敲门。这回,托马斯没让他们做测试题,直接让他们进去了。

福尔摩斯刚进门,就问道:"托马斯,你想好了吗?怎么让我们也穿越到未来世界去?"

托马斯挠挠头说:"我刚才测试了好几次,不是完全没办法。"说着,他从桌子底下拿出了一块石板。喵博士惊叫道:"时空之门!时空之门原来在你这儿?"福尔摩斯也惊讶地问道:"时空之门难道不是在百晓通他们手里吗?"

托马斯回答说:"这个嘛,不是你们之前看到的那个时空之门,这个是备用的,嗯,功能有一点不一样。喵博士,你来试试。"

喵博士犹疑地把手放到了时空之门上，果然，像上次一样，石板上出现了一道测试题："这儿有一块草地，是由三块小的草地拼在一起的。其中两块长方形的草地夹着一块正方形的草地。现在要为这片草地扎上一圈篱笆。这圈篱笆要扎多长呢？"

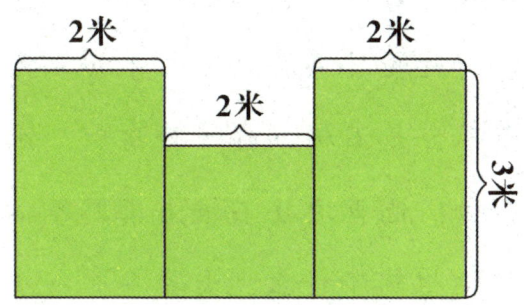

喵博士填出答案以后，紧接着，又出现了第二道测试题："还要再帮隔壁家的草地围一圈篱笆，这块草地的尺寸有点不一样。这回要扎多长的篱笆呢？"

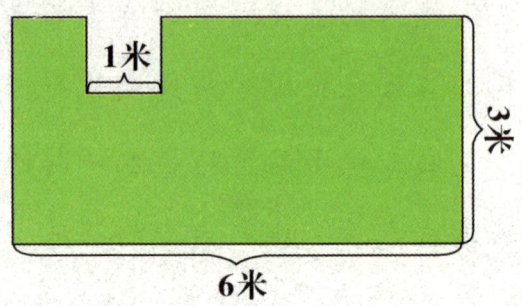

  喵博士看着图上的草地，咦，正方形的草地位置有点偏，但是题目里没说它具体的位置是在哪一个点啊！会不会是石板漏标了距离啊？他又仔细想啊想，明白啦！他再次往石板上填写答案。突然，福尔摩斯好像想到了什么，大喊一声："喵博士，等等！"但是，来不及了，喵博士已经把答案填写上去了。

  同学们，如果是你们手里拿着时空之门，你们能快速填写出答案吗？快来和喵博士并肩作战吧！

具象思维：
让难题变得一目了然

1. 这儿有一块草地，是由三块小的草地拼在一起的。其中两块长方形的草地夹着一块正方形的草地。现在要为这片草地扎上一圈篱笆。这圈篱笆要扎多长呢？

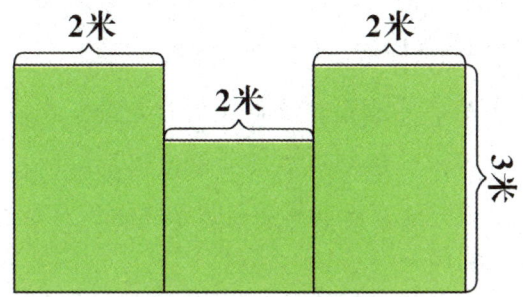

2. 在另一块草地上，是一块长方形的草地中间凹进去了一块正方形。这凹进去的位置还不是恰好在正中，有点偏左。现在要为这片草地扎上一圈篱笆。请问这圈篱笆要扎多长呢？

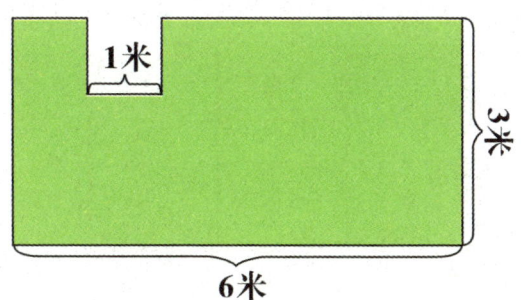

> **小提示**
>
> 1. 想要知道扎多长的篱笆，就要计算这整片草地的周长。告诉你个不容易出错的方法，先用不同颜色的笔把要算的周长画一圈出来，接下来你再算出每段的长度，最后全部加起来，这样就很形象，一目了然了。
>
> 2. 其实啊，不管凹进去的正方形是偏左边、偏右边，还是在正中间，这块草地要围的篱笆都是一样长的。你可以再按刚才的步骤，把要算的周长用不同颜色标出来。

答案：

1.先看一下图片中横线的部分，不管是上面还是下面，长度都是6（2+2+2=6），而最左边和最右边的竖线都是3，只有中间两条短的竖线算起来有点麻烦。我们再把这两条麻烦的短竖线涂上蓝色。

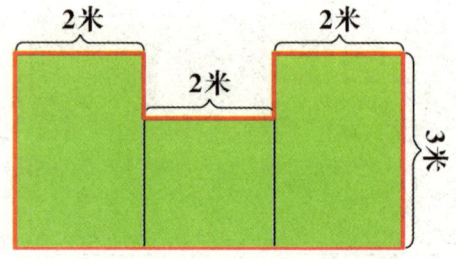

有没有发现，短的蓝色竖线和正方形草地的边长加在一起，

正好就和长的竖线一样长了。因此用长竖线减去正方形的边长,就是蓝色短竖线的长度啦!接下来,我们把所有线段加起来,就是 20 米。

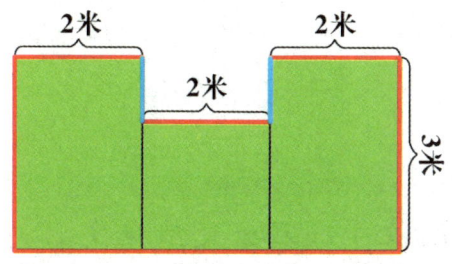

2.不管凹进去的正方形在哪,这块草地要围的篱笆都是一样长的,上面三条横线加起来,一定跟下面的那条长横线是一样长的。

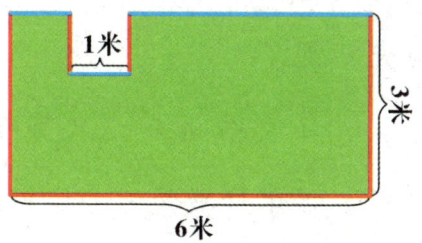

上面的横线和下面的横线都是 6 米,左右两条长竖线都是 3 米。在此基础上再加上凹进去的两条短竖线就可以了!短竖线就是正方形的边,1 米长。所以答案就是 20(6+6+3+3+1+1=20)!

把抽象难懂的东西转化为形象、更一目了然的东西,有助于我们更容易地解决问题,这就是具象思维。

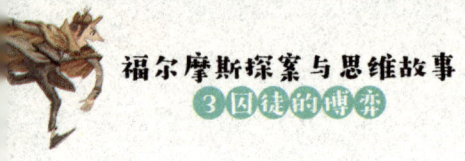

10
猝不及防的穿越

喵博士刚收手,石板突然迸发出刺眼的**白光**。福尔摩斯下意识闭上双眼。紧接着,喵博士的尖叫声在福尔摩斯耳边响起。福尔摩斯立刻睁开眼睛,喵博士已经消失不见了。

"托马斯!你不会告诉我,只有喵博士一个人能穿越过去吧?"福尔摩斯紧绷着脸问道。

托马斯取下厚厚的小圆眼镜,说:"福尔摩斯,你果然很聪明!不是我不帮你,这是备用的时空之门,功能没那么全。它只能让人从哪个时代来回到哪个时代去。喵博士可以通过这台备用机器回到他的时代,但你没办法通过它穿越过去。"

福尔摩斯一拳砸到实验桌上,桌子上的仪器微微摇晃起来,像是被福尔摩斯的怒气吓住了。

托马斯拍拍福尔摩斯的肩膀,劝慰他说:"舍不得孩子套不着狼,你换个角度想想看,这对喵博士来说,也算是一次宝贵的锻炼机会,你要对他有信心!对了,你们之间不是有心电感应吗?运气好的话,喵博士可以穿越过来和你会面。"

托马斯是铁了心不帮忙,再怎么逼他也没用。福尔摩斯不愿多费口舌,他冷哼一声,怒气冲冲地离开了托马斯的实验室。

喵博士现在怎么样了呢?他这会儿刚回到博物馆,正靠在小角落里休息呢。这次的穿越猝不及防,喵博士根本没有心理准备。他被时空之门里急速的旋转弄得头晕眼花,半天都缓不过劲来,脸色难看极了。喵博士试图穿越回去,可之前的方法完全失灵了。

3 囚徒的博弈

"喵博士,你怎么在这里?"

忽然,喵博士听到了熟悉的声音。"哎哟哟馆长!"喵博士恢复了点力气,高兴地站了起来。

"喵博士,你最近去哪儿了?好长一段时间没看见你了。咦,你的脸色怎么这么差?"哎哟哟馆长不冷不热地问道。

喵博士心里头犯嘀咕:哎哟哟馆长虽然口头上还是在关心自己,可是,他的态度怎么不太对劲?嗯……有点儿冷淡。想到这里,喵博士又连连摇头,否定了自己的想法:不对不对,一定是我多心了。一定是我自己身体不舒服,就觉得别人也怪怪的。

"喵博士?喵博士!"哎哟哟馆长伸出手,在喵博士的眼前晃了晃。

喵博士回过神来,他不想透露时空之门的事情,只说道:"哦,那个,我第一次来伦敦,看什么都觉得新鲜,前段时间出去玩了,今天才回博物馆。"

"出去看看也挺好,"哎哟哟馆长板着脸说道,"但你也得注意时间。喵博士,你在伦敦待了这么久,还不着急回家吗?你什么时候回中国?"

喵博士一门心思都扑在百晓通的案子上,压根儿没有考虑过回家的事儿。他嘿嘿一笑,对哎哟哟馆长说:"好不容易出一趟远门,我还想多玩一阵子。"

哎哟哟馆长冷漠地说道:"喵博士,你最好早点儿回去。另外,你自己出去找地方住,博物馆不是给你睡觉的地方。"哎哟哟馆长撂下这句话,就走了。跟以前的慈祥温和相比,馆长像是变了一个人。就这样,可怜的喵博士被赶出了博物馆。

"哎哟哟馆长肯定是想逼我早点儿回家,哼,案子没查清楚,我绝对不会走!不就是换个地方住嘛!"喵博士气鼓鼓地走出了博物馆的大门。他掏了掏口袋,刚才的豪气瞬间消失了。喵博士不由得叹了一口气:"哎,兜里一分钱也没有,旅馆是不会收留我的。"

喵博士只顾着发愁，没有注意看路，下一秒便狠狠地撞在一棵大树上。"好疼好疼！"他委屈地揉揉鼻子，抬起头打量着这棵大树，忽然就有了一个好主意，"要不，我就在这棵树上歇歇脚。哈哈，我是猫呀，我可会爬树了。"

喵博士敏捷地蹿到了树上，藏身于茂密的枝叶里。"这个位置真好，空气新鲜，视野广阔。"喵博士蹲在树上，东瞧瞧，西望望，兴奋地打量脚下的街景。当喵博士看到一个人时，他的表情一下子定住了。那是一个**邮差**，邮差拿着信件和报纸，匆匆走进了博物馆。一分钟后，邮差又走了出来。送信不稀奇，稀奇的是，那个邮差正是百晓通！

喵博士连忙跳下树。等他跑到博物馆门口时，邮差早就混进人群不见了。喵博士回头看了看，博物馆入口处的门卫正在整理刚收到的信件和报纸。

喵博士冲上前问道:"叔叔,请问,刚才送信那个人,你认识吗?"

门卫头也不抬地说道:"认识啊,最近一年多,他一直负责给我们送信。他和馆长也认识,定期会去找我们馆长聊天呢。"

哎哟哟馆长居然认识百晓通?喵博士越想越觉得奇怪,他连忙追问道:"叔叔,定期?定期是什么时候啊?"

门卫想了想,说道:"那个邮差每三天来一次,馆长工作六天休息一天,哦,休息日时,馆长也会

3 囚徒的博弈

待在博物馆里。平时邮差过来,把信交给门卫就走了。但如果他来的那天,刚好碰上是馆长休息的那天,他就会去见馆长,到馆长办公室聊会天。馆长曾经说过这邮差挺有见识的,所以愿意跟他聊天。"

门卫的话给了喵博士新的思路:哎哟哟馆长对喵博士的态度有一百八十度的大转变,他又和百晓通认识,是不是百晓通在中间捣鬼呢?如果能打听到百晓通和馆长的谈话内容,这些谜底就能解开了吧。喵博士问道:"你知道他们下次什么时候还会碰面吗?"门卫想了想,摇摇头说:"这个,我算不清楚。对了,我想起来了,他们上一次碰面是这个月的1号。那天是我生日,所以我印象很深刻。至于他们下次什么时候碰面,你自己算算呗!"喵博士看了一眼墙上的日历,今天是9月19号。哎哟哟馆长和百晓通的下一次碰面,会是这个月的哪一天?喵博士还需要等多少天呢?聪明的同学们,你们能帮喵博士算一算吗?

具象思维：
将抽象的数字具体化

喵博士想打听邮差和馆长下次会面的时间。听说邮差每3天来1次，馆长工作6天休息1天。如果邮差来的那天刚好是馆长休息的那天，他们就会见面。上一次碰面的日子，正好是这个月的1号，下一次是哪一天呢？

1	2	3	4	5	6	7
8	9	10	11	12	13	14
15	16	17	18	19	20	21
22	23	24	25	26	27	28
29	30					

小提示

遇到这种问题，我们可以怎么算呢？是不是可以直接在日历上标记出来？那么就请拿出一张白纸来，仔仔细细写上1，2，3，4，5，一直写到30，用来代表日期。再按照描述把他们各自的时间安排标出来，看看哪天是重叠的吧！另外，你还能想到其他的办法吗？

答案：

第一种方法：我们从1号开始做标记，圈出馆长休息的日子。

馆长是每7天休息一次,那么每个休息日加上7,就是他下次的休息日啦。这样就圈出了1,8,15,22……接下来,我们把邮差上门的日子也标出来吧。如果刚才我们用的是圆圈,现在可以用方块来标。邮差每3天来一次,那我们就可以标出1,4,7,10……你会发现标到22的时候,跟馆长的休息日正好重合了!所以,这就是他们下次碰面的日子啦!

这种方法就运用了具象思维,把抽象的、不容易理解的数字转化为可视的、可以直接理解的,很多问题就迎刃而解了!

△1	2	3	□4	5	6	□7
○8	9	□10	11	12	□13	14
○15	□16	17	18	□19	20	21
○□22	23	24	25	26	27	28
○29	30					

○ 馆长休息日　　□ 邮差到达日　　△ 起始日

第二种方法:不用把每个日子都圈出来,而是用乘法计算。邮差每3天来1次,馆长工作每7天休息一次。再次碰面时,这中间间隔的天数必须既是3的倍数,又是7的倍数。21正好是满足这个条件的最小数。这样算起来,1号过后,再过21天,也就是22号,就是邮差和馆长再次会面的时间。第二种方法就

是你以后会经常遇到的求最小公倍数的方法。几个数共有的倍数叫作这几个数的公倍数，其中除0以外最小的一个公倍数，叫作这几个数的最小公倍数。比如对于3和7来说，21、42、63都是它们的公倍数，但只有21才是最小的那个公倍数，因此邮差和馆长最近的一次见面就是21天后啦！

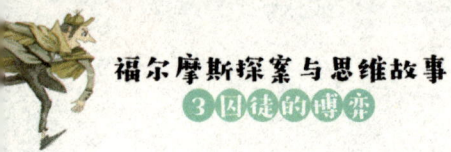

⑪ 保险柜里的设计图

喵博士耐心地等待着。到了22号这一天，喵博士早早起了床。他爬到树上，藏身在茂密的枝叶中，**全神贯注**地盯着博物馆的大门。和喵博士预料的一样，百晓通真的出现了。百晓通把送信的自行车停好后，走进了博物馆的大门。百晓通刚进去，喵博士立马从树上下来，绕到博物馆的另一侧。喵博士知道哎哟哟馆长的办公室就在三楼。他摩拳擦掌，顺着管道爬上了窗台。馆长房间的窗户敞开着，厚厚的窗帘已经被拉开，喵博士小心翼翼地躲在窗帘背后。

百晓通上楼后，径直走进了馆长办公室，一屁

股坐在沙发上。馆长一见百晓通，立马站起身，谨慎地关上大门，随后也坐到沙发上，和百晓通商量事情。起初，他们俩的声音很小，喵博士听不清他们的对话。不一会儿，他们俩就发生了争执。哎哟哟馆长腾地站起来，脸涨得通红："不！不行！"

百晓通却死皮赖脸地坚持说："馆长，你就把设计图给我看一下吧，我下次来就还你。"

哎哟哟馆长脸色非常难看，他厉声道："你小子又在打什么鬼主意？不行！你上次把我的印章顺走了，赶紧还我。我告诉你，别弄那些乱七八糟的事情，那什么智力比赛也赶紧取消。我碰到你上次说的那个喵博士了。本来我还挺喜欢那个孩子的，没想到他是被你骗来的。我已经催他赶紧回去，别掺和你那些事儿。"

"啊，你让他回去了？真烦人！我们还有用得

着他的地方呢。"百晓通小声嘀咕着。

"什么?"哎哟哟馆长没有听清楚百晓通的话。

"没、没什么。"百晓通装出一副委屈的样子,"馆长,我也是为了博物馆好,想帮你的忙。我多办点活动,不是正好提高博物馆的知名度嘛。你就把那个**设计图**借给我看看,我真的需要。"

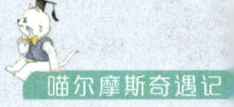

哎哟哟馆长坚决拒绝:"不行,你小子葫芦里又在卖什么药?我不会借给你的。"

百晓通失去了耐心,脸色骤然一变:"老头儿!你别忘了!在我爸临终前,你答应过我爸什么!"

哎哟哟馆长气得胸口痛,他一手压着自己的胸口,一手颤颤巍巍地指着百晓通说:"要不是看在你爸的面子上,我早就报警抓你了!"

百晓通放下狠话说:"哼,老头儿,那你可要藏好了。你多多留心,小心设计图自己长腿,跑到我的口袋里。等着吧,你不给我,我也有办法得到它!你是知道我的本事的。"

百晓通摔门而去。喵博士跳下窗台,绕到大门前,想要追上百晓通。但百晓通早已骑上自行车,消失在了人群中。喵博士在城里到处转,也没有发现百晓通的踪迹。

百晓通的话让哎哟哟馆长心神不定。他一会儿

拿出设计图来看看，一会儿又找出来瞧瞧，生怕它丢了。这设计图倒也不重要，就是当年修建博物馆时绘制的草图。哎哟哟馆长横看竖看，怎么看也看不出设计图有什么特别之处，百晓通为什么一定要得到它呢？

到了晚上，哎哟哟馆长不放心把设计图留在办公室，决定把设计图拿回家。他家就在博物馆对面。哎哟哟馆长把设计图锁在自己家的保险柜里。保险柜嵌在书柜后的墙上，百晓通肯定找不到。

哎哟哟馆长在睡觉前，特意打开保险柜检查了好几次，自以为非常安全。他不知道，有一双邪恶的眼睛一直躲在暗处盯着他。

深夜里，大家都睡着了，喵博士也趴在树上睡得香甜。忽然，一束刺眼的强光晃到了喵博士的眼睛。喵博士迷迷糊糊睁开眼。黑漆漆的夜里，哎哟哟馆长家中亮起了一束光。那束光晃来晃去，像是有人

在**翻箱倒柜**找东西。

"进小偷了!"喵博士一下子警醒过来,睡意全消。他跳到对面的大树上,发现窗户大开着。小偷应该就是从这扇窗户爬进去的。

借着微弱的月光,喵博士看见,小偷正是百晓通!喵博士跳进房间,大喊道:"馆长!馆长!有小偷!"百晓通转过身,恶狠狠地瞪着喵博士,突然,他伸出双手,向喵博士扑来。喵博士敏捷地跳开了。

哎哟哟馆长被这一阵动静吵醒,走出了卧室。他打开书房的灯,看到房间里一片狼藉:"百晓通,你!你!哎!你这个不成器的家伙!"

看到哎哟哟馆长出来了,百晓通拔腿就跑。哎哟哟馆长伸出胳膊拦住他。百晓通把馆长狠狠推倒在地,夺门而去。

"馆长!馆长!你没事吧!"喵博士冲上去扶

馆长。馆长摔着了后脑勺,半天爬不起来。他虚弱地对着喵博士说:"先去追百晓通……"

喵博士冲下楼去。只听百晓通在前面喊着:"快!快走!"楼下,有一辆小车停在路边,百晓通跳上了车。开车的人把油门踩到底,汽车呼啸而去。

情急之下,喵博士捡起路旁的一块大石头,使出吃奶的力气,狠狠砸过去。大石头把汽车后窗的玻璃砸出了一个大洞。"又让你们跑掉了!"喵博士气得跺脚,折回去查看哎哟哟馆长的状况。

馆长吃力地扶着沙发站起来,走到书柜边上。他看到喵博士进门后,指着书柜说:"喵博士,书柜后面有个保险箱,你快帮我看看,设计图还在不在?"

喵博士走上前查看保险柜。馆长低声告诉了他密码,可输入密码后,保险柜上又跳出了一幅验证图,要求喵博士根据验证图,在问号处填上正确的数字。

馆长这会儿正头昏脑涨呢，只能靠喵博士自己了。同学们，想想看问号处应该填上什么数字呢？大家一起帮喵博士和哎哟哟馆长打开保险柜吧。

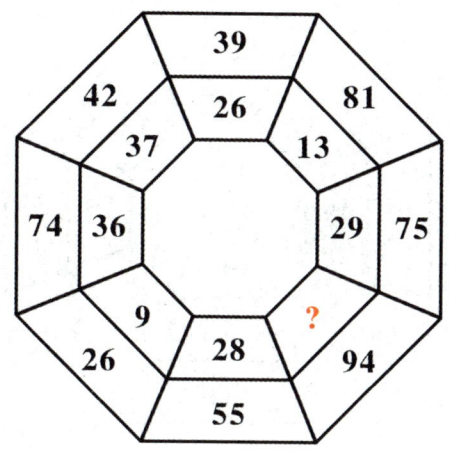

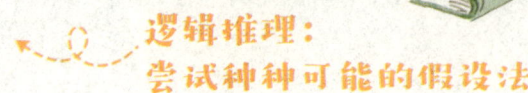

当喵博士正要打开保险柜的时候，又跳出了一幅验证图，要求喵博士在验证图中的问号处填上正确的数字，这样保险柜才能打开。那应该填什么呢？

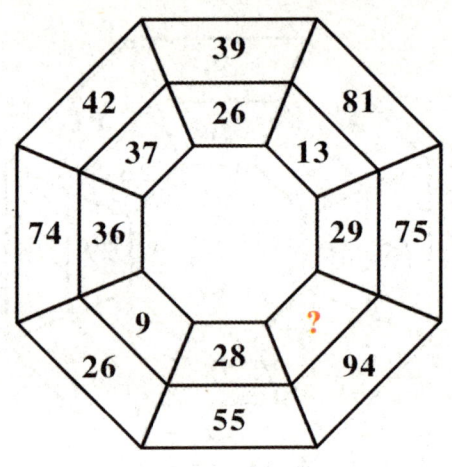

小提示

首先看看这些数字中间有着怎样的关系，比如左右数字之间、内环与外环数字之间，甚至是相对放置的数字之间，都可以尝试一下。

如果发现这些数字怎么相加、相减，都找不出什么有用的规律，就只能另辟蹊径了。提示一下，如果把每个数字的十位数和个位数拆开来看看，能不能找到什么规律呢？

答案：

  我们把每个数字的十位数和个位数拆出来相乘，例如：外环的 81 这个数字，8 乘以 1 等于 8，它对面的内层数字是 9，比 8 多 1。这里是否蕴藏着秘密呢？也就是说某个外层数字的个位和十位数字相乘加 1，就等于对面内环的数字。于是我们假设这就是验证码里的规律，循着这个思路再找其他的数字做验证，直到所有数字组合都符合这个规律，那么就说明这个假设是正确的啦！你会发现问号处的数字应该填 9。

  我们在找规律的时候，最需要的就是火眼金睛，做各种假设，然后再来验证。假设的时候，把加减乘除都试试，把前后左右的关系都找找，也可以试试跳一个或两个数字，还是不行的话，对面的数字也可以试试，甚至也可以试着把数字的不同位数拆开来。

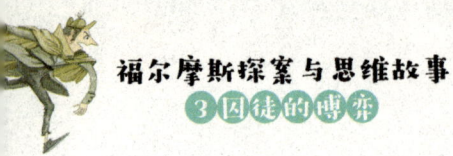

12 哎哟哟馆长的心事

喵博士输入正确的验证码，打开了柜子。而柜子里，空空如也。他扭过头，对馆长遗憾地摇摇头说："馆长，什么都没有……"

哎哟哟馆长气得胸口痛，呼吸也急促起来，他又气又恨，拍打着地板说："哎，百晓通这混小子！真是越来越过分了。他怎么找到的呢？啊，我明白了！我上了他的当！"馆长仔细回忆了事情的经过，恍然大悟。

喵博士疑惑地问道："馆长，百晓通怎么找到的？"

馆长**后悔莫及**，疲惫地坐到沙发上，说道："我

是中了百晓通的计。他故意撂下狠话,弄得我心神不宁、提心吊胆。我一直担心设计图被偷,所以反复确认设计图还在不在。但正是因为我过分小心,反而暴露了藏设计图的位置。我想,他就是利用了我的这种心理,悄悄躲在暗处监视我,可能还偷看到了我输的密码。至于验证图,凭借他的聪明才智,要猜出来也不是问题。"

喵博士抓住哎哟哟馆长的手,说:"馆长,百晓通入室盗窃,还弄伤了你,我们赶紧报警吧!"

"别,别。"馆长一下子坐直身子,慌忙阻止道,"喵博士,先别报警,我们再想想办法,看看能不能把设计图找回来。"

看着喵博士困惑的眼神,哎哟哟馆长低下了头,为难地说道:"我……我不想让那孩子进监狱,那会毁了他的。"

喵博士心里有一个问题,不知道该不该开口。

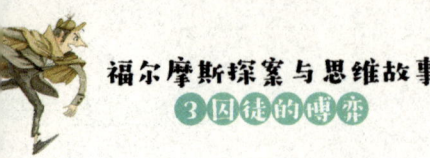

纠结了很久后,他还是问道:"馆长,你和百晓通是什么关系?之前你对百晓通说,'看在你爸的面子上',到底是什么意思,方便告诉我吗?"

"哎……"馆长抬起头,出神地盯着窗外看了好久,神情也越发沉重。喵博士的问题唤醒了他的一段痛苦回忆。原来,许多年前,上一任的博物馆馆长还在任。老馆长快要退休了,他想从年轻的职员中挑选下一任馆长。他有两个人选,一个是哎哟哟,另一个就是百晓通的爸爸。哎哟哟待人真诚,心地仁厚;而百晓通的爸爸头脑灵活,办事效率非常高。

经过深思熟虑,老馆长选中了哎哟哟。一天晚上,老馆长把他们俩叫到了办公室。宣布结果后,百晓通的爸爸非常愤怒,摔门而去。哎哟哟馆长追了出去,想要安慰他。其实,哎哟哟和百晓通的爸爸不仅是竞争对手,还是最好的朋友。

哎哟哟馆长追上了好友,他伸手拽住对方的胳

膊。百晓通的爸爸不耐烦地甩开他的手，愤怒地斥责道："凭什么！凭什么是你，为什么不是我！我哪儿不比你强！哪儿不比你好？馆长就是偏心，这不公平！"

他们在马路上争执起来。就在这时，一辆大货车向他们冲过来。货车司机因为疲劳驾驶，居然打起了盹，没注意到前面有人。

哎哟哟和百晓通爸爸被车灯一照，恐惧地转过身来。那一刻，哎哟哟的大脑一片空白，是百晓通的爸爸用力推了他一把，把他推到了路边。

"砰——"下一秒，大车撞倒了百晓通的爸爸。百晓通的爸爸受了重伤，不治身亡。临死前，他嘱托哎哟哟照顾自己的儿子百晓通。

"喵博士，你明白了吗？我欠百晓通的爸爸很多，我必须照顾好百晓通。只要百晓通不伤害到别人，我都想再给他机会。他怎么对我，我都不在意。"

哎哟哟馆长的眼眶红红的,"百晓通就是性子顽劣了一些,我相信,这个孩子心地是好的。"

"馆长,没那么简单,百晓通是犯罪集团的人。你肯定知道莫里亚蒂教授吧?百晓通在替莫里亚蒂办事。百晓通还有其他的阴谋,我们必须阻止他。"喵博士劝说道,"馆长,我们还是先报警吧。"

听到"莫里亚蒂"这个名字,哎哟哟馆长茫然地问:"喵博士,你在说什么啊。你是说莫教授?那不是福尔摩斯的老对手吗?他们跟我们不是一个时代的啊。"

喵博士想了想,把时空之门的事情一股脑告诉了哎哟哟馆长。馆长听了,半信半疑。他考虑了一会儿,说道:"喵博士,你说的这些故事,穿越啊,犯罪啊,实在太离奇了,我也不能只听你的一面之词。嗯,这样,只要你能找到百晓通的犯罪证据,我马上报警。如果百晓通伤害到别人,我不会徇私情的。"

喵博士没办法，只能接受这个条件。

第二天一早，喵博士出了门，他要去汽车修理厂打听消息。原来，喵博士前一天晚上扔大石头砸百晓通坐上的车子，不是为了发泄愤怒，而是为了给自己留下调查的线索。车子的后窗玻璃坏了那么大一个洞，现在又是冬天，冷风会飕飕飕地往车里灌。汽车的主人肯定会去修理厂修理的。

喵博士去了好几家修车厂，都说没有修过这样的车子。到了第五家时，修车厂老板查询了信息记录，说道："今天早晨确实来了一辆车，后窗玻璃有好大一个洞，像是被人砸的。也不知道是谁，下手这么狠。"

喵博士脸一红，又问道："那辆车走了吗？"

老板冲屋外指了指，说道："没呢，刚修好。还停在外面，车主还没来取车。"

喵博士探头一看，外面停了好多辆车。后窗玻

福尔摩斯探案与思维故事
3 囚徒的博弈

璃都完好无损,他要找的车到底是哪一辆呢?

老板看着喵博士着急的样子,故意逗他说:"我给你个提示,你自己去找吧!那辆车的车牌号是四位数。它的个位数呢,是十位数的两倍。百位和千位上的数字恰好一样,都是十位数的一半。对了,如果把这四个数字相加,正好等于这四个数相乘的积。好了,我已经跟你说得够多的了,现在,能不能找到那辆车,就看你自己的本事啦!"

同学们,喵博士又遇到难题了。快来开动你们的脑筋,和喵博士一块儿算算吧,车牌号到底是多少呢?

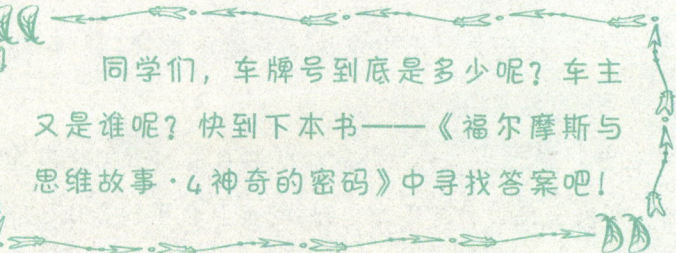

同学们,车牌号到底是多少呢?车主又是谁呢?快到下本书——《福尔摩斯与思维故事·4神奇的密码》中寻找答案吧!

逻辑推理：
排除法、假设法

喵博士要找一辆车牌号是一个四位数的汽车，这个车牌个位数是十位数的两倍，百位和千位上的数字相同，都等于十位数字的一半，而且这四个数字加起来，正好等于这四个数字相乘的积。那么这个车牌号是多少呢？

小提示

看起来比较复杂，但如果我们找准核心数字再进行合理的假设以及尝试，问题会迎刃而解。我们可以先看看，哪一位的数字是最关键的呢？

答案：

第一步：找到核心数字。个位数和十位数有关，而百位、千位数也都和十位数有关，那么，十位数就是处于问题中心的那个核心数字。

第二步：假设并列出十位数上可能的数字，从0到9都有可能。

第三步：通过线索进行排除。既然百位和千位数都是十位数的一半，所以十位数肯定不能是奇数，而且也不能是0，这样一来，十位数就只剩下2，4，6，8这四个数字了。个位数是十位数的2倍，由于个位数上是不超过9的整数，而它又是十位数的2倍，因此，

十位数一定不能大于5,这样只剩下2和4这两种可能。

第四步:把排除后剩下的两种情况,都按照提示来假设一遍。所以四位数可能是1124,也有可能是2248。

最后一步:根据最后一个条件来验证结果。这四个数字相加的和,要正好等于这四个数字相乘的积。这样算起来,只有1124满足条件。

在解答这个谜题的过程中,我们先运用假设法列出所有的可能;再根据题目的条件做排除法,把不符合题目要求的假设都排除;最后再验证一遍,这样就一步一步地接近正确答案啦!